THE
ENGLISH
ROSES

曼斯特德伍德玫瑰（Munstead Wood）

农夫（The Countryman）

DAVID
AUSTIN

THE
ENGLISH
ROSES

大卫·奥斯汀　迷人的英国玫瑰

世界现代玫瑰之父和他的100种经典之作

[英] 大卫·奥斯汀 著　李叶飞 译　王国良 审订

天津出版传媒集团

天津人民出版社

图书在版编目（CIP）数据

大卫·奥斯汀：迷人的英国玫瑰：世界现代玫瑰之
父和他的 100 种经典之作 /（英）大卫·奥斯汀著；李叶
飞译 . -- 天津：天津人民出版社，2020.8（2021.3 重印）
　书名原文：The English Roses
　ISBN 978-7-201-16316-1

Ⅰ .①大… Ⅱ .①大… ②李… Ⅲ .①玫瑰花 – 观赏
园艺 Ⅳ .① S685.12

中国版本图书馆 CIP 数据核字 (2020) 第 137006 号

中国版权保护中心图书合同登记号 02-2020-234 号

First published in Great Britain in 2005 by Conran Octopus Limited
a part of Octopus Publishing Group
Carmelite House, 50 Victoria Embankment
London EC4Y 0DZ
Revised edition 2011
Revised edition 2017
Text copyright © David Austin Roses Ltd 2005, 2011, 2017
Design and layout copyright © David Austin Roses Ltd
2005, 2011, 2017
The right of David Austin as Author of this Work has been asserted by
him in accordance with the Copyright, Designs and Patent Act 1988.
All rights reserved.

大卫·奥斯汀　迷人的英国玫瑰
DAWEI AOSITING MIREN DE YINGGUO MEIGUI

[英] 大卫·奥斯汀 著　李叶飞 译

出　　版　天津人民出版社
出 版 人　刘　庆
地　　址　天津市和平区西康路 35 号康岳大厦
邮政编码　300051
邮购电话　（022）23332469
电子信箱　reader@tjrmcbs.com

责任编辑　玮丽斯
监　　制　黄　利　万　夏
特约编辑　路思维
营销支持　曹莉丽
版权支持　王秀荣

制版印刷　天津联城印刷有限公司
经　　销　新华书店
开　　本　889 毫米 ×1194 毫米　1/16
印　　张　21
字　　数　330 千字
版次印次　2020 年 8 月第 1 版　2021 年 3 月第 2 次印刷
定　　价　399.00 元

Contents 目录

Part one
第一部分
英国月季的起源和气质

审订者序——王国良   01

序言——大卫·J.C. 奥斯汀   01

1 月季 2

2 英国月季的概念 6

3 英国月季的祖先 12

4 英国月季的品质 22

5 花香 42

6 第一朵英国月季 50

7 花园里美丽的英国月季 58

8 花园中的藤本英国月季 76

9 月季花园 82

10 作为切花的英国月季 96

Part two
第二部分

英国月季图鉴

Part three
第三部分

英国月季的未来和月季培育

1 古老杂种月季 112

2 利安德系 160

3 英国麝香月季 206

4 英国阿尔巴杂种月季 256

5 其他英国月季 264

6 藤本英国月季 276

7 英国切花月季 292

8 一些早期的英国月季 294

1 英国月季的未来 300

2 种植英国月季 306

索引 311

英国玫瑰的商标清单 315

图片出处 315

审订者序

如果说是法国玫昂 1935 年的"和平"（Peace），打开了现代月季国际化的大门，那么大卫·奥斯汀的"英国月季"（English Roses），就是现代月季古典化的逆行奇迹。

我第一次邂逅奥斯汀的英国月季，那还是在 20 世纪 80 年代的日本。我应邀参加位于千叶的月季文化研究所、京城月季园艺研究所等月季品鉴活动时，我总能碰到那与众不同的优雅花型，总能闻到那久违的远古芬芳，总能听到当地月季爱好者那特有的因爱而叹的溢美之音。

"English Roses"，并非只是字面上的"英国月季"，而是作为一个专有集合名词，意指具有欧洲古典重瓣蔷薇如百叶蔷薇、大马士革蔷薇等重瓣塞心、花枝不甚挺直、叶片宽大光亮、芳香沁人那样一类颇显英国绅士风度的月季品种类群。自从格雷厄姆·托马斯（Graham Thomas）等名种面世以来，对惯看现代月季秋月春风的月粉而言，犹如夏日里吹来了一股凉爽的风，因而迅速风靡世界。

就这样，凭借其独步天下的眼光、英伦工匠般痴情，奥斯汀毕其一生之功，育成名种 200 有余，荣获国际大奖 43 项，至今无人企及。至于一年一度的英国切尔西国际花展，倒像是为他专设的私家窗口。而在他的苗圃地里，则建有对公众开放的专类月季展示园。此外，他还拥有以英国女皇为首的一帮铁杆粉丝。奥斯汀就是这样，似乎摸透了人们怀旧与尝新的矛盾心理，畅游在古典月季现代化的世界里，从一位普通农家到开宗立派的"世界玫瑰大师奖"（Great Rosarians of the World）获得者。

当然，奥斯汀英国月季的巨大成功，是有平台支撑的。这个种质平台，就是 1753 年前后被欧洲植物猎人（Plant hunter）引入西方的中国古老月季。正是这些中国特有的月季名种，才使得欧洲的古老蔷薇脱胎换骨，嬗变成植株健壮、叶片宽厚、四季开花的真正意义上的月季；才使得奥斯汀创立"英国月季"这一新类群梦想成真。

奥斯汀的这本《大卫·奥斯汀 迷人的英国玫瑰》，用细腻奔放的文笔，结合大量高清图像，为读者几乎毫无保留地道出了英国月季的前世今生。当然，书中对中国古老月季的种质平台作用把握还不够精准，对某些重要月季遗产的表述也不全对，有些观点如部分亲本的复花性等甚至值得商榷，但它依然不失为月季爱好者的入门佳作，是月季育种初心者难得的亲本遗传案例分析简谱，更是众多英国月季粉的饕餮大餐。倘若你细细品赏，必有意外收获。

至于如何把握书中的蔷薇、玫瑰和月季，编者和译者特别嘱咐我要再多说几句。

其实，蔷薇、玫瑰和月季，就像一家三姐妹，是蔷薇属（Rosaceae L.）植物里的三大类群，与我们喜欢吃的草莓还是近亲。但一旦分别对应到英语及其语境，不少读者还是有些茫然。

简单地说，250年前的欧洲只有蔷薇，且种类不多，既没有玫瑰，更没有月季。自古以来西方庭院里栽培的，也都是源自当地野生蔷薇的驯化类型，即重瓣古老蔷薇。因此，对于那时的蔷薇，西方人用Wild Rose，Rose，或者Rose Species来描述就够了。而中国则大不然，随着我们的先人对蔷薇植物认识的不断深入与种质创新，早早地将其分成蔷薇、玫瑰和月季三大类，合理而科学。大约3000年前，蔷薇属植物统称为"蘠"（即蔷薇）；2000年前，花瓣香郁刺鼻、果实大如樱桃番茄、形态特征明显与众不同的蔷薇，称其为"玫瑰"，随后形成不少古老玫瑰品种如茶薇、重瓣老玫瑰、重瓣白玫瑰、四季玫瑰等，成为一个相对独立的类群。而玫瑰传到西方，Thunberg发现其叶片表面皱缩而奇特，遂于1784年将其命名为为"Rosa rugosa"，简称"Rugosa Rose"。1700年前，也不知我们的祖先用了怎样的洪荒之力，硬是将四川深山里的一种单瓣野生藤本蔷薇，改良成为能够四季开花的重瓣直立小灌木，这就是月季。到了北宋，仅月季名种如佛见笑、红宝相、金瓯泛绿、六朝金粉等就有上百个，故被历史上最具文化品位的宋人褒为"月季只应天上物""天下风流月季花"。

中国月季于1753年前后到达欧洲，旋即颠覆了西方人对蔷薇的认知，遂命名为Rosa chinensis，即来自中国的月季。而月季对应的英文名字，则如雨后春笋，居然有数十个之多，如Monthly Rose，Perpetual Rose，Ever-blooming Rose，Remontant Rose，Recurrent Rose，Repeat Blooming Rose等，但都是"能连续开花的蔷薇"之意。

由此可见，西方的 Rose，并非都是指玫瑰，而是大致等同于中国的"蔷薇"。比如，大马士革蔷薇就叫 Damask Rose，狗蔷薇即 Dog Rose，而法国蔷薇则为 Gallica Rose。

话虽这么说，但对于没有专业背景和受过专业训练的读者而言，难免不得其要，因为这里面还有一个称谓习惯的问题，据说东南亚华人，就喜欢把月季、玫瑰和蔷薇都叫作玫瑰，超省心！在这方面，译者在译文中已经有所区别，特别是对"玫瑰经"（Rosary）等的转译处理，既尽可能地还原蔷薇的真实语意，又兼顾到了中文圈读者的传统习俗。我则在中文版的审定中，在不影响理解的前提下，尽量使月季、玫瑰和蔷薇的指代通俗化、科普化和规范化。

其实，读者也不必过于纠结于此。正如莎士比亚所言，叫什么名字又有什么关系呢？玫瑰即使不叫玫瑰，也依然馨香如故（A Rose by any other Name would Smell a Sweet）。

想想也是。现代生活纷乱如麻，总得时不时地给自己的心冲个凉，纾个困。若能遮得苍穹一隅，偷得半日清闲，翻翻奥斯汀这本书，看看月季花开花落，再来一杯上好的下午茶，即便没有多少诗意，也总会有几许惬意吧？

正所谓"心有猛虎，细嗅蔷薇"。英国诗人西格里夫·萨松代表作《于我，过去，现在及未来》中的这句诗，余光中先生译得出彩，也许就隐含了这层意思。无论是古代文人雅士，还是现代凡夫俗子，于其生活，其实从来都不缺蔷薇，记得用心细嗅就行。

谨以此序，致敬《大卫·奥斯汀 迷人的英国玫瑰》原著，致贺为其中文版付梓倾注心血的编、译者，致谢每一位懂得细嗅蔷薇的读者。

世界玫瑰大师奖获得者　王国良

Preface
序言

我的父亲大卫·奥斯汀（David Austin）刚刚过完他的90岁生日。现在，他每天仍在全身心地培育那些美好的英国月季。他的热情如此持久，就像75年前他刚开始接触育种的那一刻一样。他的理想也从未改变——仍是为花园培育出美丽的月季。月季育种自有其令人激动之处，就在于创造月季新品种，创造无限可能。事实上，随着他培育的新品种越来越多，更多的可能性也随之绽放。

历经多年，从一名业余的爱好者开始，我的父亲应该已经成为他这一代人中最受尊敬、最成功的育种者。本书后面的章节，正是体现了他的部分成就。毫无疑问，他对自己职业的那种无限热情和奉献精神，怎样描述都不为过。在过去的25年中，能与父亲一起工作是我的荣幸，也成就了让我全身心投入的事业。在这个过程中，我有幸结识了许多热情的月季爱好者。

自2005年第一版出版以来，这已经是这本著作发行的第三版。鉴于此次我们增加了不少全新品种供读者鉴赏，这一版也能更好地呈现英国月季之美。

我们常被人问起，什么样的月季才称得上完美？答案很简单，这世上没有完美的月季。就像我父亲说的那样，月季育种永无止境。

大卫·J. C. 奥斯汀

PART ONE

第一部分

THE ORIGINS AND NATURE
OF AN ENGLISH ROSE

英国月季的起源和气质

1

The Rose
月季

月季，可以说是花园里最美的花卉。尽管有很多人认为 20 世纪和 21 世纪的月季已经失去了我们现在所说的古老月季（Old Roses）[1] 之美。但是各种调研显示，月季始终都是百花之中最受欢迎的花卉之一。

为什么几个世纪来月季都能如此受人喜爱，这事解释起来很难，理解起来却很容易，月季与大多数花园植物有着很大的不同：在夏日时，你去花园中稍微走走就会发现，月季所具有的人文气质实在太有吸引力了。我们发现整个蔷薇科（Rosaceae），包括樱花和其他李属植物都有着类似的特质。有一点很有意思，月季虽然在外观上与芍药或牡丹[2]很像，但是在中国和日本人的生活中，有着特殊地位的却是后者。这里有必要说一下它们的花型。在花园中，这两种植物的开花形态都是非常相似的重瓣花型。两种花也都有着非同寻常的芳香。然而，总的来说，芍药或牡丹有其局限性，它们的花一年只能开一季，也不像月季有着更为丰富的株型和适应范围。

最初将蔷薇类植物培育为花园植物的时间早在耶稣诞生之前三百多年，甚至更早。古希腊学者泰奥弗拉斯特（Theophrastus）（约公元前 370—前 286 年）在他的《植物研究》（*Enquiry into Plants*）中写道：蔷薇花有着五到一百片不等的花瓣。这么说的

插图：公元 5 世纪的北非墓碑上的蔷薇图案。

对页：简·范·凯瑟尔（Jan van Kessel）1661 年的静物画《花瓶中的花朵》（Still Life of Flowers in a Vase），描绘了古老蔷薇和其他花卉。

---

1 古老月季，也翻译为古典月季或古典玫瑰。

2 原文"peony"一词，指芍药属下的芍药或牡丹。如同"rose"一词，常常作为包括蔷薇、月季、玫瑰、缫丝花、木香等诸多蔷薇属（Rose）植物的统称。

话，这些蔷薇肯定就是园艺中的古老蔷薇了，因为野生蔷薇只有不超过五片的花瓣。几乎同一时代，罗德岛的硬币上描绘有蔷薇花的图样。从那之后，古老蔷薇与西方文化交织，印刻在希腊、罗马和波斯的历史中，人们或利用它的药用价值，或欣赏它的美。

在中世纪，由于古老蔷薇有着药用及观赏价值，因此被种植在修道院的花园中，否则可能早就灭绝了。这也使得它们能在教堂所用的花纹、符号上占有一席之地。到了13世纪，英格兰的爱德华一世（Edward I）以蔷薇图案作为他的徽章，后来发生的事众所周知，约克王朝以白蔷薇图案为徽章，兰开斯特王朝则以红蔷薇为徽章，开启了蔷薇战争。

到了18世纪，数以千计的月季品种出现了。它们大多起源于法国，也有些来自荷兰或英国。在19世纪的前十年中，约瑟芬皇后在法国上塞纳河省（Hauts-de-Seine）的玛尔梅松城堡（Empress Josephine's Malmaison）中收集种植了各种各样的月季，据说也是她奠定了月季在花园中的重要地位。到了20世纪，月季不再属于某个国家或地区，成了全世界的珍宝。

月季拥有许多优点，特别是它柔软的特性赋予了它独特的美感，但我认为它最特别之处在于花瓣的排列和质地。随着花朵的盛开，花瓣间光影闪烁，千变万化，营造出一幅令人愉悦的画面。不仅如此，我们看整个月季群体，会发现不同品种的月季，花的外形和特征变化无穷。从花蕾开始到花瓣凋零，月季在盛开的过程中展现出了无尽的美。不要说好几天时间的变化，即使一天下来，它的花就有着很大的不同，而且当天的自然天气变化，特别是光照之明暗，也让它的花呈现出不同的风格。我们很难在其他花卉上发现如此丰富的变幻，正是这种多样性让月季花变得独特。在这方面，也就芍药或牡丹，抑或是山茶可以与之媲美。而且月季不是只有一种，它有着许许多多不同的品种。

月季的美并不局限于我们所见，它还是最芳香的花卉之一。它的芳香使我们神清气爽，其他花可没这样的效果。月季也不是只有一种香气，不同的品种有着不一样的花香。我们都说最喜欢古老月季的花香，事实上，我们甚至还能在月季花香上闻到其他花朵的气味，比如丁香、铃兰的芳香。

月季不仅是广受欢迎的花园植物，也是最受人喜爱的室内鲜切花之一。尽管瓶插的月季可持续的时间不是最长，但是还有什么花可以在盛开时给我们带来如此多的享受与快乐呢？我们可以在室内近距离观察和欣赏它的花朵，几支月季就可以使整个房间明亮起来。

蔷薇具有的人文特质使其成为西方文明乃至中东文明的重要标志。长期以来，它一直是女性柔美和浪漫的象征，这不仅体现了女性之美，更表明了其花之美。月季也常被用作孩童的象征。几个世纪来，月季的形象出现在视觉艺术、文学和歌曲当中。月季还有可能是最受欢迎的装饰图案，经常出现在织物、陶瓷、建筑上。它也是基督教的一个象征，例如，念珠或玫瑰经（Rosary）[1] 的命名。月季还是英国和美国的国花。在英国法律中，还有一个词叫"sub-rosa"（字面意思是"玫瑰之下"，意为秘密的，私底下的）。它还是英国工党的标志。诸如此类，很多很多。事实上，月季不只是一种花卉，更是文明的一部分。

月季的用途显然比其他任何花都要多。我们可以把它作为灌木种植在混合花境或者纯月季的花境中。月季有着楚楚动人的花色、柔和的花型和可以说是自然奔放的生长形态，这让它能轻松自然地融入同类和其他植物中。我们可以仔细挑选一些矮生的品种，它们既适合作为花色丰富的树篱来种植，也可作为优秀的花坛植物（bedding plants）。它们还可以成为园艺造型中的矮生绿化高度的标准。此外，还有藤本月季。有时候，简直让人难以置信，月季能承担如此多的角色，并且每个角色都表现得非常优秀，而当它作为藤本的时候，又几乎成为最优秀的藤本植物之一。我们还不能忘了野生原种蔷薇（Species Roses）[2]，它们中的大部分蔷薇都值得在花园中占有一席之地，是种植在开阔地带的理想选择，一到秋天，枝头将会挂满艳丽的蔷薇果。

所以，数百年来月季被人们称为花中皇后也就不足为奇了。我们这些月季的育种者身负特殊的责任，要保持月季之美高于其他花卉。我希望英国月季（English Rosa）配得上它们在月季发展史上的地位，并能得到读者们的肯定。

对页上图：花架上攀满了藤本蔷薇（Climbing Rose）。这是 15 世纪薄伽丘（Boccaccio）的《苔塞伊达》（La Teseida）法语译本中的插图，表现的是埃梅里耶（Emelye）在花园中的细节。

对页下图：17 世纪印度微型画的细节，莫卧儿王朝的一位朝臣手上拿着一朵蔷薇。

下图：皮埃尔·约瑟夫·雷杜德（Pierre Joseph Redoute, 1759—1840）画的已经失传的皇家属地月季（Rosa Gallica Regalis）。

---

1 "Rosary"是天主教徒念经时用的数珠，类似佛教使用的佛珠。"Rosary"也指天主教徒的《玫瑰经》，即《圣母圣咏》，这个词起源于拉丁语*Rosarium*，意为"玫瑰花冠"或"一束玫瑰"。

2 原种蔷薇指那些野生的原生种蔷薇，有着极强的生命力和抗病性，花朵单瓣，花后结果。

月季

2 The Idea of the English Rose
英国月季的概念

在月季发展的漫长岁月中，英国月季只是向前又跨越了一步。英国月季与现代月季（Modern Roses）[1] 有两个基本不同点：花的形状和植株的生长习性。但英国月季又结合了两大传统：古老月季的莲座或杯状花型、花香及其他共性，以及杂种茶香月季（Hybrid Teas）和丰花月季（Floribundas）的丰富花色和复花性。

几个世纪来，古老月季或是有层层的花瓣形成杯状或莲座状的花型，又或是有单瓣、半重瓣花展露着优雅的花蕊。到了 19 世纪后期，有了专门的月季育种者，他们把精力放在茶香月季（Tea Rose）和杂种长春月季（Hybrid Perpetual）之间，最终培育出了杂种茶香月季。这种矮小而直立的月季风靡世界，逐渐凌驾于所有的月季品种之上，以至于到了 20 世纪初，如人们所知的那样，古老月季几乎在花园中消失了。

杂种茶香月季的成功，让园艺界的有识之士在面对古老月季的衰落时感到忧心，并着手收集古老月季遗存的品种。其中包括格罗斯特郡希德蔻特花园的劳伦斯·约翰（Lawrence Johnson），肯特郡西辛赫斯特城堡的诗人兼园林作家薇塔·萨克维尔-韦斯特（Victoria Sackville-West），以及苗圃在舒兹伯利附近的希尔达·穆雷尔（Hilda Murrell）。第二次世界大战后，这些古老月季被已故的格雷厄姆·斯图尔特·托马斯（Graham Stuart Thomas）收集起来，起初被安放在沃金的西林斯苗

右图：格雷厄姆·斯图尔特·托马斯（1909—2003），他为古老月季的复兴做出了巨大努力。我们有一款英国月季格雷厄姆·托马斯（Graham Thomas）便是以他的名字命名的。

对页：格特鲁德杰基尔（Gertrude Jekyll）完美表现了英国月季所蕴含的古老月季魅力。

---

1 现代月季，指的是 18 世纪能够多季节持续开花的中国月季进入欧洲以后形成的月季类群。一般以所谓的 1867 年为界，之前为古老月季，之后则称现代月季。

圃，后来转移到萨里的桑尼戴尔苗圃，最终在汉普郡的蒙特斯芳修道院形成了国家收藏（National Collection）的基础，从而能够为园丁们提供足够的月季品种资源，为所有热爱月季的人们，乃至整个园艺界提供便利的服务。1956 年，格雷厄姆·托马斯成为英国国民信托组织（The National Trust）的园艺顾问，这给了他很多机会推广古老月季。如今，彼得·比莱斯（Peter Beales）和他的家人在诺福克阿特尔伯勒的苗圃收藏了大量古老月季。我们自己也在伍尔弗汉普顿（Wolverhampton）附近的大卫奥斯汀月季园拥有大量收藏。此外，还有许多私人收藏家。

对于古老月季的爱好者来说，流行的杂种茶香月季和丰花月季看起来显得过于"笨拙"且棱角分明，花朵的颜色和形态也不够活泼自然。尤其重要的是，杂种茶香月季和丰花月季通常缺少古老月季的浓郁香气。不过，虽然古老月季显得更美，也更适合作为园林植物，但杂种茶香月季，尤其是最近流行的丰花月季也具有一定的优势，它们最大的优点是，可以四季开花，而不像许多古老月季那样只在初夏开花一次。虽然，后来的一些古老月季也有了一定的复花性，但其反复开花的能力并不稳定，离完美状态还差很远。另外，现代月季的花色也比古老月季更丰富。古老月季的花色仅限于白色、淡粉红色到深粉红色以及紫色和淡紫色。人们普遍认为古老月季有深红色的花朵，但这种颜色其实要到 19 世纪才出现在杂种长春月季中。直到 1900 年左

对页：什罗普郡少年（A Shropshire Lad）是一种英国月季，灌丛状的植株上开满了美丽的花朵。

下左图：克雷西美女（Belle de Crécy）是古老的法国蔷薇中最美的一种，法国蔷薇为英国月季的育种做出了巨大贡献。

下右图：粉晕女郎（Maiden's Blush）是 15 世纪前的一种阿尔巴月季，是我们英国月季的重要亲本之一。

9

右，法国月季育种家约瑟夫·佩内特-杜彻（Joseph Pernet-Ducher）将奥地利石南蔷薇（Austrian Briar）与杂种茶香月季杂交后，古老月季才有了深黄色的品种。佩内特-杜彻赋予了月季一个伟大的特质，值得我们铭记。虽然，在这之前古典茶香月季有过一些黄色品种，但花色浅黄且极为少见。

我的想法就是把古老月季和现代月季各自的最佳优点结合起来，培育出英国月季。通过杂交将古老月季的柔美和现代月季的活力相融合，创造出一系列超越两者的月季。这事听起来很简单，但要得到这种平衡却很难。比如说我们从现代月季中得到了我们想要的花色和复花性，却往往失去了古老月季的基本美感和生长态势。这受诸多因素影响。但是最终我们还是在成千上万的幼苗中精心选育出了我们想要的月季。

不过问题还是存在，我们早期培育出的月季看上去都很漂亮，可是植株柔弱，抗病性差。当然，现在这个问题已经解决了。与大多数杂种茶香月季、丰花月季，以及其他很多早期的月季相比，我们现在的月季品种更加强壮、健康。之所以能够做到这一点，是因为我们有更广泛的原始亲本参与杂交，而不仅仅只有杂种茶香月季和丰花月季。我们为英国月季选择的古老月季花朵风格更接近原种蔷薇的自然特征，因此有了获得更多不同品种的可能性，每一种月季身上都有着培育出理想月季的潜力。我们的目标很简单，就是使更漂亮的株型开出更美丽的花，同时，我们也努力培育出更抗病、更健壮的月季来。

今天，有些国家的人把我们的月季称为"大卫奥斯汀月季"，我们其实更愿意称之为"英国月季"。这并非出于民族主义，在我们看来，英国和花园的关系——尤其是与月季的关系，比任何国家都要密切。虽然法国人可能不会认同。就像有日本菊花、日本牡丹、法国万寿菊、荷兰鸢尾和德国鸢尾一样，把我们的月季称为"英国月季"颇为恰当。我希望世界各地的育种者能够接纳这个月季群体，并帮助其发展。由此，一个新的月季类群将会诞生，它的未来也将充满光明。

左上：温馨祝福（Warm Wishes Fryxotic），一种杂种茶香月季。

右上：玛格丽特梅利尔（Margaret Merril Harkuly），一种丰花月季。这两个月季品种为英国月季提供了重复开花的特性。

对页：哈洛卡尔（Harlow Carr），这是真正展现古老月季魅力的一种英国月季。

英国月季的概念

3

The Ancestors of the English Rose
英国月季的祖先

大概没有一个植物育种者可以像我在 20 世纪 50 年代初开始培育英国月季时那样，拥有如此多的亲本材料。据我所知，也没有一个园林花卉有着月季一样悠久的历史（至少在西方是这样）。更没有多少花卉像月季那样拥有如此多的具有真正园艺价值的野生种。我能想到的花卉很少有如此多的园艺品种和那么多不同类型的群体，而且每一种都有自己独特的美。

从最早的原生种到今天的各种月季，它们大都在英国月季的育种中发挥了作用。在英国月季的发展过程中，我们常因为遇到不良亲本而受阻，比如月季无法结籽，或者种子很难发芽，又或是一旦发芽，又无法将其优良的品质遗传给后代。只有进行更多的杂交并繁育出成千上万棵幼苗，从中不断筛选，我们才有可能在英国月季的育种上获得成功。

我的工作是从古老月季开始的，有可能除了杂种长春月季，它们中的任何一种月季都不是有计划杂交出来的。当时的方法就是播种一定数量的种子，观察其发芽生长的结果，如果某一种出现了任何形式的变异或优势，就将其保留下来，并引种到花园中。

古老月季

最初且最重要的英国月季的亲本是我从真正的古老月季的类群中选出来的，这些月季只在夏季开花，远在 19 世纪才出现的多季开花的月季之前就已存在。可以这么说，这几个类群的月季没有一个是完全与众不同的，它们之间在某种程度上互相交叉，有着亲缘关系。尽管如此，每个类群还是有着各自的特色。

古老月季分为五个类群：法国蔷薇（Gallica Rosa）[1]、大马士革蔷薇

1　法国蔷薇也译为高卢蔷薇，欧洲原种蔷薇之一。

（Damask Rosa）[1]、白蔷薇（Rosa Alba）、百叶蔷薇（Rosa Centifolia）和苔蔷薇，其中前三个类群的一些具有代表性的品种都参与到了英国月季的育种。

法国蔷薇也许是古老月季中最重要的一个类群，正是在这个类群中，我们找到了淡紫、紫以及紫色和猩红杂色的花色，这些颜色通常浓郁且令人感到愉悦。以灌木的标准来看，它们的株型较矮。尽管它们源于古代，但至今仍是出色的花园植物。可惜的是，与其他古老月季相比，它们没什么花香，仅个别品种有一点香味。然而，它们具有真正的古老月季的美感，花型精美，植株强健且耐寒。也许正是因为这个原因，它们中的大多数品种才存活了这么久。法国蔷薇的诸多优点，在我们的英国月季中都能找到。

大马士革蔷薇非常古老，它们起源于中东，据说最早是由十字军带到欧洲的。其植株疏朗，长势开张，形态优雅，叶色淡绿，小叶的间距较宽，干净的粉色花朵有着漂亮的光泽。当然它还有好几个其他花色的品种，如淡紫色、紫色，以及一个叫哈迪夫人（Madame Hardy）的白色品种，这些全部都是杂交种。它的花香是真正的浓郁古老月季的芳香，事实上，我们有时候也把这种香气称为大马士革香。它的这种香味以及优雅的株型都遗传给了很多英国月季品种，部分是通过波特兰月季（Portland）遗传下来的，因为大马士革蔷薇也是波特兰月季的亲本。

在我看来，白蔷薇是古老月季中最漂亮的一种，它被认为是法国蔷薇和犬蔷薇（Rose canina）[2]的自然杂种。白蔷薇比大多数古老月季都要高大，可以生长至一米八甚至更高。它们很少从根部抽生新枝，而是在已有的枝条上不断生长新枝，因此，它们才一度被称为"树状月季"，当然这样的说法不是很准确。白蔷薇的花型看起来令人愉悦，有着精致的魅力，非常独特。它们的花色范围仅限于白色，到粉晕至粉红色为止。花朵也有迷人的香味。叶子类似于犬蔷薇，但具有诱人的灰绿色。总体而言，白蔷薇特别健壮，代表了英国月季中的一个类群，这个类群我们称其为英国阿尔巴月季（English Albas）。

百叶蔷薇，有时也称为普罗旺斯蔷薇（Provence Roses），出现的

1　大马士革蔷薇也叫突厥蔷薇或大马士革玫瑰，以其香味浓郁纯正而闻名，为萃取玫瑰精油和玫瑰纯露的最重要的一类品种，在保加利亚、土耳其、法国和伊朗广泛栽种。也有以地方命名，如保加利亚玫瑰。

2　犬蔷薇也叫狗蔷薇（The Dog Rose）。

时间比其他三个类群都要晚，它们的祖先是各种不同的蔷薇杂交的结果，通常具有大而丰满的花朵，可能是杯状或莲座型。它们大部分都散发着浓郁的香气。我们在英国月季的育种中偶尔用过百叶蔷薇作为亲本，但收效甚微。另外，我们还没有用过苔蔷薇。

这五个类群的古老月季在过去的岁月中给人们带来了美的享受，直到今天，按照当今的标准，它们仍然是出色的灌木。紧随其后的月季更像是通往"现代月季"的桥梁。

重复开花的古老月季

18 世纪末和 19 世纪初，有四种月季从中国被带到欧洲，它们注定会对月季的未来产生深远的影响。这几种月季不只在初夏开一次花，而是整个夏季都在开花，因而有"中国老种"（Stud Chinas）的称谓。这四大老种是：斯氏猩红月季（Slater's Crimson China，1792），月月粉（Parson China，1973），休氏粉晕香水月季（Hume's Blush Tea-scented China，1809）和帕氏淡黄香水月季（Park's Yellow-

对页：古老月季在英国月季的发展中扮演着重要角色。

上图：查尔斯磨坊（Charles de Mills，时间未知）是一种形态完美的法国蔷薇，是所有古老月季中表现最好的月季之一。

中图：哈迪夫人（1832 年）是一种非常精致的大马士革蔷薇。

下图：丹麦女王（Königin von Dänemark，Queen of Denmark, 1826）是古典白蔷薇的经典。

下图：月月粉（Parson's Pink China 或 Old Blush China，现名 R. odorata Pallida）是非常重要的一种月季，它把四季开花的特性带给了今天的月季。

英国月季的祖先

scented China，1824）。它们逐渐与欧洲的蔷薇植物杂交，因此到了19世纪末，几乎所有新出现的月季都具有了重复开花的能力。

斯氏猩红月季特别引人注目，因为它开出的花朵深红而不褪色，这是当时欧洲月季中从未出现过的颜色。这种颜色最终（通过稍显混乱的路径）传递到了后来出现的月季上。但是，不仅是颜色，事实上中国月季（China Rose）对庭园月季的影响要大得多，它们改变了月季的特性。比如，月季的植株变得更为轻盈，在生长上有了更多分枝，并且叶子呈现为富有光泽的深绿色。我们把古老月季和现代月季进行比较来看，就会发现这种变化有多大。因此，我们最终拥有了两种完全不同的月季类群：古老月季和现代月季。

第一类新的具有复花性的月季是波特兰月季（Portland Roses），这是秋大马士革蔷薇（the Damask Rose 'Quatre Saisons'）和中国月季斯氏猩红月季杂交的结果。事实上，秋大马士革是中国月季到来之前，唯一有复花性的一种月季[1]，所以波特兰月季获得了亲本两方的复花性。相较后来的月季，波特兰在整体上比中国月季更接近古老月季，无论是花还是叶子。不过留存下来的波特兰月季并不多，可能是因为本来繁育的就少。无论如何，它们仍然有着美丽的莲座型的花，这些花通常带有色泽浓郁、有光泽的粉红花色，还有着特别浓郁的古老月季香味。波特兰月季的优秀品质，再加上生长紧凑的植株和一定的抗病能力，使其成为优良的植物，仍然值得在花园中占有一席之地。波兰特月季对英国月季的贡献是非常大的。

由于有更多月季被引入花园中妆点花园景色，波特兰月季的流行转瞬即逝。先是出现了波旁月季（Bourbon Roses），它大概率是通过某一组的杂种中国月季（Hybrid Chinas）与各种古老月季杂交的结果。它们的叶子和植株的外形与现代品种有很多相似之处，但花朵保留了古老月季的形状，通常为深杯状，而且几乎都非常香，植株低矮浓密。实际上，可以说与英国月季有很多共同点。它们很快流行起来，但马上又被杂种长春月季所取代。

上图：波特兰月季雅克卡地亚（Jacques Cartier，1809 年之前）是最早的具有复花性的古老月季之一。

下图：伊萨佩雷夫人[1]（Madame Isaac Pereire，1881）是一种古老的波旁月季，它与杂种长春月季为古老月季和现代杂种茶香月季之间的纽带。

1　国内也有叫它艾萨克太太。

1　其实并非真正意义上的复花性，而是在秋季能开极少量的花。这种现像，对中国许多野生蔷薇而言，并非少见。

杂种长春月季兼具古老月季与现代月季的外观特点，我们可以在其中看到杂种茶香月季的起源，它以牺牲成熟花朵为代价，有着非常漂亮的花蕾。它的花大而厚重，从而受到一些园艺师的欢迎，他们热衷于参加花展以展示花朵，而且这些花还不一定是花园里最好的。它们当中有一些美丽的品种，但在整体上却代表了月季之美的下降，它们的花朵粗鄙，看上去株型也显得笨拙。然而，这些月季有两个很大的优点：一是它们通常都很香；二是它们是有史以来，第一类所含的全部品种都是深红色花朵的月季[法国蔷薇通常有深色花朵，但颜色更接近淡紫色或紫色，唯一的例外是超级托斯卡纳（Tuscany Superb,1850），其颜色非常接近纯深红色]。不过，杂种长春月季在英国月季的发展过程中所起的作用微乎其微。

在维多利亚时代晚期，杂种长春月季堪称风靡一时，与之相伴的是另一类月季，即茶香月季，其地位介于古老月季和现代月季之间，由中国月季发展而来，其中一些具有巨花蔷薇的遗传基因。巨花蔷薇是大花型的原种，花蕾长而尖，这些品质遗传给了茶香月季，使之有了精美的花朵，通常具有杂种茶香月季类型的花蕾和柔和的色彩，以

顶图：罗斯男爵夫人（Baroness Rothschild，现名 Baronne Adolph de Rothschild，1868）是一种杂种长春月季，引导了现代杂种茶香月季，它身上有着矮生月季最初的生长特质，这种月季适合种植在花坛中。

上图：希灵顿夫人（Lady Hillingdon，1910）是一种茶香月季，它与杂种长春月季杂交，给杂种茶香月季带来了长而尖的花蕾。

左图：原种蔷薇之巨蔷薇（R.gigantea）是茶香月季的祖先[1]。

---

1 亦叫大花香水月季，自然分布于云南山区，尤以昆明周边最为多见。

及纤细多分枝的生长特性。它们具有所谓的茶香，类似于中国茶包刚刚打开时闻到的香味。这类月季不耐寒，易受霜冻伤害。尽管我们在育种上因为使用其他月季而间接受到它们的影响，但是我们并没有在育种中直接使用这类月季。

现代月季

"现代月季"完善了英国月季育种的模式，这其中最重要的是杂种茶香月季，它是在 1840 年，由杂种长春月季与茶香月季杂交的结果。杂种茶香月季是一种全新的月季，与过去的月季没有什么相似之处，因此几乎可以被视为一种新的植物。在 20 世纪有一段黄金时期，它们占据了月季的舞台，直到今天，仍然是最受欢迎的一类月季。实际上，在英国，没有一个花园会不种上一两种杂种茶香月季。它们先是被当作一种适合花坛的月季来种植，因此几年过去，它们被大量种植在月季花坛中。杂种茶香月季盛放的时候十分美丽，但从来都不是很好的花境植物。尽管如此，它仍然为英国月季做出了重要的贡献，主要体现在它丰富的花色以及优秀的复花能力，尽管它的花型经常被诟病。而且它在幼苗时期也会有花芽萌发的趋势，这当然也不是我们想看到的。

接下去登上花园舞台的是 20 世纪初出现的丰花月季，为此我们要感谢丹麦的包尔森（Poulsen）。这类月季是由杂种茶香月季和小花矮灌月季（Dwarf Polyantha Roses）杂交产生，后者能开出多头绒球状的小花，这是一类非常耐寒，枝叶茂密的月季，实际上是多花蔓生月季（Multiflora Ramblers）的矮小版本。丰花月季与杂种茶香月季有很多相似之处，但有两点不同，丰花月季摒弃了茶香月季的花型，以及其著名的浓郁色彩。与杂种茶香月季相比，丰花月季的香味更浓郁，植株更有活力，更耐寒，在英国月季的发展中发挥了更重要的作用，主要是因为它们有着更平展的花朵，因此在外形上更接近古老月季，而且开花性更好，勤花有活力，更耐寒以及更好的抗病性。比较遗憾的

是，现在杂种茶香月季和丰花月季基本上已经混在了一起，有时很难将两者区分开。

在杂种茶香月季流行的主要时间段，另一类月季逐渐参与进来。为了听起来更容易理解，它们通常被称为现代灌木月季（Shrub Roses），这样便与同样是灌木的古老月季区分开来了。现代灌木月季是非常杂乱的一类月季，有一些非常不错，植株也强健，另有一些则显得较为粗野。它们在英国月季的发展中起的作用并不是很大。

除了现代灌木月季外，我们还有杂种玫瑰（Rugosa Rose）[1]，通常它们单独成一类。玫瑰（Rosa Rugosa）是一种生长迅速的物种，并且在野外自然状态下就有一定

1　这里的玫瑰，并非日常语境下的玫瑰，而是植物学上一种叫"玫瑰"的蔷薇属植物，学名 Rosa Rugosa。原产于中国山东、辽宁、吉林等沿海地区，现已成为国家二级保护植物。

上图：杂种茶香月季和丰花月季大部分作为花坛月季来种植，图为盛放在伦敦摄政公园的杂种茶香月季自由（Freedom, Dicjem）。

左图：情人之心（Valentine Heart, Dicogle）是丰花月季的代表，也是英国月季很重要的一个亲本。

上图：佩内洛普（Penelope，1924）属于杂种麝香月季（Hybrid Musk Roses），这个系的月季由杂种茶香月季和有着麝香月季血统的月季杂交而来。

下图：黄金凡尔赛宫（Desprez à Fleurs Jaunes，1826）属于怒塞特月季（Noisette Roses），由杂种茶香月季和麝香蔷薇杂交而来，是一种有着复花性的藤本月季。

上右：汉莎（Hansa，1905）是一种极有活力的玫瑰，玫瑰天然有着复花性，有着极强的抗逆性和抗病性。

的复花性，这种品质我们只在另外两个种类中有发现。玫瑰特别健康，可以修剪出精美的灌木，尽管它们的植株外形可能有些粗野。目前，它们在英国月季的发展中起着非常重要的作用。还有杂种麝香月季，是比较小的一个组系，由麝香月季与某些杂种茶香月季或茶香月季杂交产生。它们都是非常不错的灌木，值得布置在花园中。

藤本月季

前面所提到的都是灌木或灌丛状月季，还有一种藤本月季，它在英国月季的发展过程中同样扮演着重要角色。

怒塞特月季（Noisette Roses）[1] 是第一批有着复花性的藤本月季，它们的植株长势强健，通常能长到 2 米甚至更高。花色一般有白色、腮红、粉红色和淡黄色。除了重复开花这一优良特性，它们的花朵细腻柔美，并且还有着很好的抗病性。

---

1 最初的怒塞特月季是由中国的月月粉和麝香蔷薇杂交而来，后逐渐发展成一个类群。

把藤本的怒塞特月季与英国灌木月季杂交，它们的下一代会出现一些藤本品种，但更多的还是灌木型月季。怒塞特月季为英国月季带来了新的特质，新品种显得更为优雅、美丽，丰富了品种的多样性，并增添了趣味性及独特的香气。这些杂交月季大多是低矮的灌木，当然，毫无疑问，也有不少是非常棒的藤本英国月季（Climbing English Roses）。

20世纪最重要的藤本月季是藤本杂种茶香月季，它们中大多数是灌木月季的芽变品种，有着极好的藤本特性，但是除了新黎明（New Dawn）[1] 外，它们对英国月季的发展都没起到作用。

光叶蔷薇（*Rosa wichurana*, syn.*R.wichuraiana*）[2] 非常耐寒，抗病性好，它的枝条生长极为旺盛，正如园丁们所说的是蔓生。最好的一些蔓生月季（Rambler Roses）正是与光叶蔷薇杂交培育出来的，它们只在夏季开花，没有复花性，对于如此高大且生长极具活力的月季来说，这也正常。这类蔓生光叶蔷薇（Wichurana Ramblers）中表现最好的品种之一是范弗利特（Doctor W.Van Fleet）。幸运的是，大约在1930年，这种月季出现了一个芽变，它有着复花性，于是被保留下来，最后以新黎明之名推出。新黎明虽然同样耐寒且抗病，却没有那么强壮，这大概是因为它在整个夏季持续开花所带来的后果。它与很多杂种茶香月季及其他月季广泛杂交，直接或间接产生了许多优质的藤本月季。我们使用其中一种被称为阿罗哈（Aloha）的月季与我们自己的一些月季品种杂交，产生了一些不同的英国月季品种，它们的叶子更接近现代月季，但仍具有古老月季的花型。同样，虽然部分杂交种表现出了藤本特质，但大部分都是灌木形态。

上图：新黎明（1930）是一些藤本月季的奠基品种，有着极好的耐寒和复花性。

---

1 新黎明国内又叫粉云。

2 光叶蔷薇原产中国。

英国月季的祖先

4

The Qualities of the English Roses
英国月季的品质

没有哪种月季能同时具备所有的优点，不同的月季自有其芳华。古老月季的花型优美动人，花朵芬芳可爱，生长繁茂。现代月季则美在色彩缤纷，四季开花。我的目标，则是竭尽所能地，将所有的优点融入一类月季中，甚至某一种月季中去。

每个植物育种者都必须清楚地知道，他到底要想让自己所选的花卉拥有什么样的特质。我问自己的第一个问题是："花应该变成什么样子？"第二个问题是："我该如何实现它？"在英国月季的发展中，实用的要点，例如抗病性、开花性和耐寒性等等，或是与美学相关的因素，包括但不限于突破现有的花色、带来更浓郁的花香等效果，这些都很重要。然而，相比之下，我认为有一个目标尤为重要，说来也比较简单，就是挖掘月季之美，挖掘那些存在于花朵、叶片以及生长特性上的美。这个目标仿佛再明显不过了，这难道不是所有花卉育种者的共同想法吗？但事实却是，他们之中鲜少会有人追寻植物在开花、生长过程中那种抽象的、难以言说的单纯的美丽。他们可能会寻找更明亮、更强烈的色彩，可能会试着培育出更大的花朵以及其他各种可以直接观测到特征的月季。当然，从园丁的角度出发，月季的开花、生长，应该就是种植月季唯一的理由了。好像无论我们怎样栽植花草，它们都会同样美丽，这种说法或许有一定的道理。然而，在通常情况下也存在着其他的可能，育种者在提高植物的使用价值的同时，会导致植物原有的美丽大打折扣。我们只需要回顾一下，在人们最初开始按照自己的意愿去改造植物时，最终毁掉的反而就是他们最爱的花朵特征。

大自然自有一套造物逻辑，从它的手里很难出现"丑陋"的作品。然而，园艺月季已经脱离了纯粹的自然产物的范畴，人为因素恰恰起了决定性作用。其他高度发展的园艺花卉也是如此，举几个例子，大丽花、菊花、杜鹃花、水仙花、鸢尾花、百合和芍药等等，无不如是。在许多情况下，植物育种者的工作有着积极的意义，但另一

对页：大卫·J.C.奥斯汀设计的一处迷人的花境。

英国月季的起源和气质

方面，往往也起到了极为负面的影响。我们只需要在普通的花园中心走一圈，会发现真相就是如此，我们会看到超级巨大的西番莲和紫罗兰，这两种原本有着简约之美的花朵是多么富有魅力，但是我们对它们做了什么呢？

很多有些见识的园丁（从某种程度上来说有学识、有经验的人）在选择花园植物时，更倾向于选择原生植物，或者至少是原生植物的近亲。对此我颇感遗憾，我认为，花园里的花草应该拥有它独特的美丽，要和自然造化而成的花草的本来面貌有所区分。毕竟，"花园"不是"野外"，它是人的作品，除非在特定条件下，它也应该表现出人工作品的特质。相比于人们在野外的发现，花园需要更为大胆的表达。

考虑到以上原则，我接下来会表述我对英国月季的各种期望，一次从一个方面入手。但我们要始终记住，育种者的技能是捕捉月季方方面面的美。另外，我认为月季的至高荣耀是花朵的馥郁芬芳，这一特质非常重要，因此我另有单独一节来介绍它。

花型

花朵的形状也许是衡量月季之美最重要的特征，这也是英国月季与其他现代月季相比明显不同的地方。

自然的变异造成了花园月季的花瓣成倍地增加。这是怎么发生的呢？在漫长的时间里，偶然间，花朵的雄蕊突变为花瓣，最终通过筛选，我们获得了重瓣的月季。野生蔷薇的单瓣花朵固然美丽，但正是因为花瓣的增加，现在的花园月季才能拥有如此巨大的美丽财富。正是因为光线在诸多花瓣之间穿梭折射，才由此产生丰富的视觉效果，成全了花园月季之美。实际上，自然界中并没有重瓣月季。

这里我列了六种最基本的花型，如此多的变化遗传自古老月季。还有一种是花蕾的形状，遗传自杂种茶香月季。但是没有任何一种英国月季可以百分百地对应其中的任何一种形式。

单瓣花：自然界中的蔷薇就是单瓣的。它那简约、精致有些柔弱的花型令我们着迷，黄色、金色或红色的花蕊又增添了它的飘逸之美。不同于其他月季，单瓣月季之美取决于花朵在花茎上的姿态。它们的生长形态看上去不是沉重的，而是轻盈、疏朗和雅致的。我们只有为数不多的几种单瓣月季，这是因为它们并没有那么容易繁殖（这一点实在让人惊讶），也许是因为重瓣的花园月季已经经历了很多代，而且我们也没有多少单瓣亲本可以选择。单瓣英国月季有安妮（Ann）和亚历山德拉玫瑰，前者有着特别优美、均衡的花朵，后者是巨大的蔓生状灌木，有着典型的野蔷薇的花朵。单瓣月季一般不如重瓣的芳香浓郁，因为它们只有少许的花瓣能散发香气。我们的苗圃中还有一些非常漂亮的单瓣英国月季。

半重瓣花：从单瓣花到半重瓣花不过是往前走了一小步——加上几片花瓣，我们就有了花期更长的月季，并且它们在很多方面都极为相似。半重瓣月季保留了单瓣月季的轻盈，依旧有着精致的株型和花朵形态，并且通常具有诱人的雄蕊。不过半重瓣花有更多的变化，它们有杯状或扁平的花型，端正排列或随意散落的花瓣，它们有多花或少花的花序[1]，因而有了更为丰富的月季之美。例如银莲花月季（Windflower）、斯卡布罗集市和科迪莉亚（Cordelia）。

莲座型：莲座花型可以说是英国月季的花型典范，这也是古老

1　花序（inflorescence）是花序轴及其着生在上面的花的通称，也可特指花在花轴上不同的着花形式。花序可分为有限花序和无限花序。

月季的主要花型。它交织的花瓣为美提供了更多的可能性。它的花瓣可以松散排列也可以紧密簇拥。如果花瓣较少，可能还能看到一些花蕊。在一些品种中，花朵中心的花瓣可以像扣眼一样聚集在一起。还有，它们的花瓣可以是弯曲的或平坦的，也可以在边缘反卷。实际上，各种各样的形式和效果都有可能，因此几乎不可能有两个不同品种的月季开出相同的花来。莲座型的月季品种繁多，这里不能一一列出，典型如埃格兰泰恩（Eglantyne）、玛丽罗斯（Mary Rose）、欢笑格鲁吉亚（Teasing Georgia）和农夫（The Countryman）等月季。

深杯状：也许呈深杯状的花是最令人感到印象深刻的。比如像卡德法尔兄弟（Brother Cadfael）那样，杯型花中充满了花瓣。又像是黄金庆典（Golden Celebration），或多或少如高脚杯状的花朵逐渐盛开。如果杯型花朵打开，我们能欣喜地窥视到里面簇拥纠缠的花瓣，甚至还可以闻到花朵的浓郁香味。

完全打开的杯形英国月季并不多，一般的月季花朵只有几片花瓣隐约藏着雄蕊，而在完整的深杯状花中，我们根本看不到花蕊。杯形的英国月季中有一些开得非常大的花朵，我们或许认为它们会很笨拙，但事实并非如此，只要植株够大，花朵就能够优雅地绽放在枝条上，完全不会有头重脚轻的感觉。例如遗产（Heritage）、无名的裘德（Jude the Obscure）、权杖之岛（Scepter'd Isle）和费尔柴尔德先生。

浅杯状：浅杯状处于莲座型和深杯状之间，同样迷人，通常能开出特别完美的花朵来，往内弯曲的外层花瓣在某种程度上形成了一个围合的花框，大量花瓣簇拥其中。例如玛格丽特王妃（Crown Princess Margareta）和欢笑格鲁吉亚。

顶图：埃格兰泰恩的花朵呈扁平的莲座状。

上图：欢笑格鲁吉亚的花朵呈浅杯状。

右 图： 香 槟 伯 爵（Comtede Chambord）的深杯状花朵展开，露出花蕊。

对页：黄金庆典的花朵巨大，杯型花中充满了花瓣。

下右：这张迷人的照片上的是海德庄园（Hyde Hall），有着漂亮的莲座型花朵。

卷边花：许多英国月季在绽放后，花瓣会反折，由此形成一个弯曲或者穹顶状态的花朵。这种花在生命的初期，通常呈莲座状或浅杯状，随着开放，花瓣慢慢平展，终于向后反卷。有时，在某种状态下，它们几乎可以开成一个花球。所有重瓣月季的花朵都拥有一种花型不断变化的优势，这一点在卷边花身上表现得淋漓尽致：每一个阶段，你都可以看到一种不同的花型，例如格蕾丝（Grace）和银禧庆典（Jubilee Celebration）。

花蕾：英国月季在 20 世纪 60 年代一经面世，便被视为一场革命。其实它不过是回到了花园月季本该有的样子。不过，我想说的是杂种茶香月季那长而尖的花蕾。尽管现在我们知道的杂种茶香月季的植株较矮，株型也不够优雅，但我对它的花蕾青睐有加——只要花蕾能绽放成完美的花朵，并且在迷人的灌木状植株上健康生长。事实上，在我们的英国月季中已经有了这样的品种，例如，珍妮特（Janet）就有着迷人的类似杂种茶香月季的花蕾，其盛开后花朵呈莲座型，株型较大，花枝也够长，花朵绽放其上，极为优雅。

花的质地、明亮和大小

　　不仅是花朵形状使英国月季与其他现代月季区分开来，花瓣的质地以及花瓣在花中相互交织的方式，也给英国月季的花朵增添了与众不同的美。毫无疑问，花瓣质地的不同改变了花朵的整体特征。与其他现代月季相比，大多数英国月季的花瓣都更为柔软，更透明。当光线穿过花瓣并在花瓣之间反射闪烁时，这些花朵看上去会显得更加柔和，它们透着光芒，在光线下有着不断变化的美丽效果。

　　还有一个问题，就是月季的花朵是如何成型的。有些花朵的花瓣较为整齐规矩，有些则较为松散随意。一些花朵的花瓣从外围向中心，呈整齐的旋涡状，而另一些则是盘绕和缠结在一起，别样的美感格外引人入胜。无论哪种形态都有其美丽之处，即使花瓣松散，看起来随意，也让人着迷。

　　花的大小并不重要，无论何种尺寸都有其独特的美。毫无疑问，一朵大花会产生意想不到的效果，但是如果所有的月季花都很大，也就没什么好稀奇的了。有时候，我看到我们的顾客仅仅以花的大小和色彩是否鲜艳而挑选月季，我总是感到遗憾。不同尺寸的花朵都有其独特的美感，大小的变化更让月季有着丰富的多样性。

花色

　　如果说花型是月季花最重要的特征，那么紧随其后的就是花色。

上左：詹姆斯高威（James Galway）有着非常饱满的、半球形的花朵，外层花瓣有点反卷。

上右：麦金塔（Charles Rennie Mackintosh）有着大多数英国月季花瓣所具有的柔软的质地。

这里要说明一点，我们不是简单地想要获得更多的颜色，而是寻找那种漂亮的，真正适合月季的颜色。比如有些颜色很适合鸢尾花，但很有可能不适合月季，特别是英国月季。花色艳丽的月季，看上去会让人觉得很不对劲。

粉色： 首先，可以说粉色就是月季的颜色，大多数野生蔷薇就是粉色的。20 世纪 50 年代初，我刚开始从事英国月季育种的时候，杂种茶香月季中的纯玫瑰粉色就几乎已经消失了，它总是与其他颜色混在一起，甚至其中一些颜色相当暗淡，当然也不能说这些颜色就一定不好。因此，我的首要目标是培育出很纯的，甚至带着光泽的粉色，是那种我们在大马士革蔷薇和百叶蔷薇上所见的粉色。

大卫·奥斯汀推出的第一个品种康斯坦斯普赖（Constance Spry），花色是带有光泽的纯玫瑰粉色的典范。紧随其后的是农舍玫瑰（Cottage Rose），格特鲁德杰基尔和夏莉法阿斯马（Sharifa Asma）。随后，我们着手培育出了有着柔和粉红色的英国月季，它们一般带有怒塞特月季的基因，例如埃格兰泰恩，遗产和帕蒂坦（Perdita）。最近，我们培育出了粉红色带有些杏色、桃红色以及橙色的月季。的确，月季的花色中没有一种颜色可以像粉红色那样富有如此多的变化。如果

把几种红色月季做成一束放在一起，它们看起来就会差不多，同样的情况也会发生在深黄色的月季上。可能是因为这两种颜色通常都十分强烈，不容易与其他颜色混合。而粉色似乎不受这种限制，有着无限的可能。每种粉色都可以被单独定义，让人感到非常惊奇。粉红色，尤其是柔和的粉红和腮红，常常让人联想起女性优雅的气质或是童年的美好回忆。比起其他颜色，它们更显温柔。

猩红和其他红色：深红色的月季极为特殊，以至于可以这样区分月季——深红色和其他颜色的月季。红色是激情的象征，通常也是男人最喜欢的颜色之一。然而，培育深红色和其他红色的月季，对育种者来说是一个挑战。除了美丽的华西蔷薇（Rosa Moyesii）外，自然界几乎没有深红色的蔷薇[1]。我们在花园中能看到它的花色，是那种可以想象得到的清澈的深红色，但这是筛选的结果。在野外，它们通常是深粉红色。深红色的月季是通过中国月季，可能是斯氏猩红月季才进入我们的花园的。这是一个非常弱小的品种，似乎已经将其弱点遗传给了后代。尽管如此，还是有一些既健康又健壮的红色丰花月季，最近还出现了一些红色的杂种茶香月季。

我们竭尽全力培育出优质、色彩鲜明的深红色品种，但在英国月季中，它们为数不多。比如，布莱斯威特（L.D.Braithwaite）是明亮的深红色的典范，而本杰明布里顿（Benjamin Britten）则更接近猩红色。

丁香紫、紫色和淡紫色：这些色调总让人想起皇室、威严和权力，也与悲伤、忧郁等情感联系在一起。古老的法国蔷薇因丁香紫、紫色和淡紫色而著称，由于英国月季在育种过程中有着法国蔷薇的元素，所以有了这些颜色。我们在现代杂种茶香月季和丰花月季中也发现了相似的颜色，但是它们往往具有一定的金属质感，令人不快。法国蔷薇中的这种花色具有我们在其他地方找不到的深度和丰富性，这些特质已经遗传给了英国月季。

色彩丰富的紫色、淡紫色和丁香紫的英国月季在初开的时候通常呈深红色，随后逐渐变化，在这个过程中，我们可以欣赏到许多美丽的色彩。王子（The Prince）就是一个例子，它初开的时候是浓郁的深红色，但很快就会变成深色的皇家紫。不幸的是，这种月季

顶图：仁慈的赫敏（Gentle Hermione）的花朵中央呈柔和的粉红色，外缘的花瓣随花朵盛开老去会逐渐变为白色。

上图：福斯塔夫（Falstaff）的长势旺盛，花色深红，整体特征偏向波旁月季。

---

1 华西蔷薇原产我国西南地区，其花瓣之红，号称野生蔷薇之最。其实，开深红色花的，还有我国四川的野生月季花（R. Chinensis Spontane）和野生亮叶月季（R. lucidissima）。

不是很健壮。威廉莎士比亚2000（William Shakespeare 2000）可能是我们最好的深红色的月季，它也以纯正的深红色开始，随后出现各种浓淡的紫色调，呈现出非常美的效果，而且它极具活力，有着浓郁的花香。

黄色、杏色和桃红色：英国月季的黄色、杏色和桃红色与那些从粉色到深粉红色，再到深红色和紫色的月季完全不同，它们几乎可以被归到另外一个系列。实际上，野生蔷薇的黄色就是很不一样的。

当然，你可以设计一个完全由黄色月季组成的漂亮花境或月季园，就像在整个月季园里全部种植粉红色月季一样。黄色给人以幸福感和阳光感，大多数黄色的英国月季都属于利安德系（Leander Group），另外在麝香月季中也有许多柔和的黄色。虽然无论哪种颜色

都可以在花园中占有一席之地，但这种柔和的黄色调似乎比强烈的黄色更适合与其他月季或植物进行搭配种植。柔和的黄色品种包括飞马（Pegasus）和朝圣者（The Pilgrim）。在较深的黄色中，黄金庆典和欢笑格鲁吉亚特别好，而格雷厄姆托马斯（Graham Thomas）[1] 拥有者最华美、最纯净的黄色，而格蕾丝则是迷人的杏色。

红铜色和火焰红：因为杂种茶香月季的花色有些花哨，所以我们集中精力培育颜色较柔和的英国月季。如果我们需要一个亮色的品种，我们也会确保这种颜色的确适合月季。培育出这类颜色的月季并不容易，它们的出现往往很偶然，而不是能按照我们的育种计划按部就班地培育出来。火焰红的月季很少是从两个同色的品种中培育出来的，通常是红色和粉色月季杂交的结果。有一点很重要，我们不应只是为了多一个花色，而是要获得一种好的花色。帕特奥斯汀（Pat Austin）是迷人的红铜色月季的代表。

白色：除了古典阿尔巴白蔷薇之外，在其他任何种类的月季中，都很难找到真正好的白花品种，尤其是在英国月季里。实际上，没有多少育种者在培育白花品种，现有的白月季大都是在其他育种计划过程中意外出现的产物。

当然，白色非常重要，如果我们认为它是一种色彩的话。白月季散发着百合般的清新香味，又有着难以表述的特殊气息，它们香

左顶图：格雷丝的花型很美，花色呈迷人的杏黄色。

右顶图：朝圣者的花朵呈柔和的黄色，是英国月季中此类花色的典范。

上图：帕特奥斯汀在所有英国月季中花色最鲜艳、最活泼。

1　格雷厄姆·托马斯也是一位"世界玫瑰大师奖"获得者，奥斯汀把他最喜欢的黄色月季品种命名为"格雷厄姆托马斯"，由此可见两位大师因玫瑰而结缘的友情之深厚。格雷厄姆著有《格雷厄姆玫瑰三部曲》，闻名遐迩。

味都特别纯净。很少有人能完全用白色月季来建造出一个至美的月季花园，也没人愿意为之腾出空间。主要是我们可选的余地很小，如果从英国月季中选择，也选不出几个来。温彻斯特大教堂（Winchester Cathedral，玛丽罗斯的一个芽变品种）和红花玫瑰（Crocus Rose）可算入其中，然而后者还不是纯白色，它偶尔会带有淡淡的杏色。的确，白月季的育种常遇到一个问题，就是花色总是不够纯净，常会夹杂一丝别的颜色。还有格拉姆斯城堡（Glamis Castle），虽然在各方面表现出色，但很容易遭受黑斑病（black spot）的侵袭。弗朗辛奥斯汀（Francine Austin）是一种非常好的白月季，但它是簇状多头的品种，不算是典型的英国月季。我们现在正在培育偏白色的月季系列，希望在不久的将来可以推出令人心动的白月季。

株型与枝叶

有一个现象是人们只考虑月季的花朵之美，忽视月季作为整体所具有的一种美感，而恰恰是这种整体的美感才使月季成为一种有价值的花园植物，这对于英国月季和许多其他灌木月季而言是事实。实际上，在19世纪下半叶之前，月季一直是出色的花园灌木，但是随着远东地区可持续开花的月季品种的到来，并且它们与夏日单季开花的月季杂交之后出现了新的月季，这类月季逐渐不再适合花园种植。

最初的欧洲月季（我们现在称之为"古老月季"[1]）只在初夏开花一次，之后为来年再次开花孕育强壮的枝条。后来，月季的每一根枝条都能开花，也就是说，如果每根枝条都能开花，那么也就具备了复花

对页：夏洛特夫人（Lady of Shalott）是一种生长旺盛的大型灌木月季，花色呈明亮的红铜色。

下图：与别的英国月季种植在一起的克里斯多夫（Christopher Marlowe），可见在英国月季中漂亮的叶子是非常有价值的。

---

1 准确地说是古老蔷薇。

英国月季的品质

性，结果却导致月季的株型变得极为丑陋。再后来，到了 20 世纪，这一缺陷被克服。在某种程度上来说，这正是英国月季的创新与突破，它试图让月季成为完美的花园灌木——有着良好复花性的同时，又能保持优美的株型。

与杂种茶香月季和丰花月季不同，英国月季的植株呈自然的灌丛状，有的丛生，枝条纤细茂密；有的高大直立，适合种植在其他花草的后面；也有一些枝条长而呈优雅的拱形。它们的植株高度可以控制在 1 米 ~2.4 米或更高范围内。英国月季的株型可能宽大，也可能细瘦；可能是疏朗的，也可能是浓密的。所有这些可变的因素为花园的不同位置提供了各种不同的选择。

正如英国月季的植株生长形态格外丰富一样，叶子也是如此，这不足为奇，毕竟英国月季实在有着太多的亲本。它们的叶子有的很细，像是原生蔷薇，有的宽而厚重，还有一些叶子的形态可能是介于两者之间。英国月季叶子的颜色可以是浅绿、灰绿，也可以是蓝绿色、墨绿色等，各种绿色都有可能。也就是说，英国月季的花朵和叶子都种类繁多。不仅是英国月季，其他月季的叶子也值得我们重视。尤其是在花季来临之前的春天和初夏，这时月季的花朵都还没绽放，在花园中占据了主导地位的只有叶子。走在月季花园中，对此深有感触。

株型和叶子本身非常重要，不仅如此，在它们的衬托下，花朵才显得更加美丽。与孤零零的开放的花朵相比，绽放在灌丛枝头，有

英国月季的品质

叶子衬托的花朵才能愈显其风采。我们在育种中已经越来越重视这一点，但目前还有很多不足，可做的事情还有很多。

株型和叶子不仅有衬托花朵和植株整体审美上的价值，当我们在花园中选择不同品种的英国月季时，它们也是很重要的参考。英国月季不同的株型适合花园的不同位置，更适合与不同的植物搭配。此外，如果你想要设计一个专门的月季花境或月季园，会因为有如此丰富的英国月季形态而更加获益匪浅。杂种茶香月季和丰花月季的花境并不缺乏花朵的绽放之美，但是株型和枝叶的相似性却令人感到乏味。

虽然我不能过于强调株型、枝叶在英国月季发展过程中的重要性，以及它们对于花朵的重要性，但事实就是如此。黄金庆典就是一个很好的例子，它的杯状花很大、很沉，如果没有绽放枝头的雅致形态，那么它看起来会显得非常笨拙。玛丽罗斯和埃格兰泰恩则是枝叶茂密的例子，农夫和威廉莎士比亚2000的株型矮而伸展，而银莲花月季和科迪莉亚的枝叶形态更接近野蔷薇。总而言之，我们培育了花朵和株型都具有高度美感的月季，而且未来依旧有着无限潜力。

现实考量

月季育种是一项复杂而艰巨的工作。想要达到人们的审美要求，就需要让月季具备多种不同的特征，且每种特征都要表现优异。可是，仅仅这样还不够，要想适用于花园环境，我想，月季还必须达到一些很现实的要求，如果我们不能使之成为一种更健壮、更有活力的植物，那它真的就前途堪忧了。

抗病性：过去的园丁也许比现在的我们有更多的时间来为月季喷洒药剂。他们很喜欢亲手给植物喷洒药剂，仿佛将它当成一种额外的挑战来享受。当然，现在有许多充满热情的园丁也会选择这样做，然而从整体来看，现代园丁已经不太乐意为植物喷药了。有些人不喜欢化学喷剂，他们认为这不安全，当然这样想是不够理性的，毕竟我们养的月季花是用来观赏，而不是将其当作食物的。事实上，无论如何，最好有不需要喷洒药剂的月季，首先是因为可以节省工作量；其次是因为，与喷洒药剂的月季相比，这些无须用药的月季看上去更有生机，生长得更好。

幸运的是，有专业人员和专门的研究机构（尤其是在美国和加拿大）正在进行一些工作，以培育抗病性更好的月季，另外，业余育种者也为此做了很多出色的工作。在培育英国月季的过程中，我们自己

上图：科迪莉亚是一种充满活力，生长强健的月季。

对页：五月花（The Mayflower）是富有魅力的英国月季，据我们所知，它几乎不会感染病害。

从这些努力中受益匪浅。很多专家都认同，英国月季是所有花园月季中病害最轻的月季之一。可以说，这在很大程度上是因为我们再次开始使用充满活力和具有抗病能力的亲本。我们知道，某些品种完全没有病害，且我们已将这些月季送到世界各地，供许多专业园丁试种，事实证明它们几乎100%不感病，尽管有时在秋天落叶时它们中部分月季会被轻度感染。当然，也不可能确定在所有气候和所有国家都能如此。随着时间的推移，我们希望拥有更多健康的月季。

活力和开花：植株的活力以及它在整个夏季的开花性（至少是间歇性开花），都是必须进一步考虑的实际因素。并非所有的园丁都有着丰富的经验，种植月季的土壤也不可能总是最好的。即使在条件不理想的情况下，月季也应充满活力，并尽可能地蓬勃生长。这通常表示月季具有旺盛的生命力，即便有时它们所处的生长环境不甚理想。

对页：埃格兰泰恩表现出了我们极力想要追求的英国月季该有的魅力。

下图：艾伦蒂施马奇（Alan Titchmarsh）有着美丽的深杯状花，极富魅力。

月季规律的复花性与植株的活力有着密切的关系。在英国月季出现之前，仍然没有多少灌木月季有着稳定可靠的重复开花的能力，即使有这个能力，它们又在其他方面表现不佳。除康斯坦斯普赖、奇安帝（Chianti）和什罗普少女（Shropshire Lass）外，所有英国月季都有着至少两个花期，第一个是在夏初，第二个是在夏末，其间，它们也会零散开花。因此，它们很少出现无花的时期。许多品种的花期更为持久，比如五月花，在夏季长且气候温暖的国家更适合它们生长。

月季育种的艺术

英国月季的育种要考虑方方面面的问题，从花的形状、颜色到植株的活力和抗病性等等，这些都可能是你在为花园选择月季时需要考虑的要素。然而，还有一点是最重要的，也是一个很难解释的内容，在本章开始，我将其描述为"月季的花朵、叶片以及生长特性上的美"。除了美，我们还会使用类似魅力、特色、新鲜感和优雅简约等词语来表达我们看得到的品质，尽管我们每个人都有各自的品位和偏好。某些月季会具有一个非常明显的优点，显而易见的那种。在育种上要获得这种优点，是有办法的。在英国月季中，我们会尽力利用这一点，并不断努力培育出更好、更美的月季品种。

当我们遍历苗圃，仔细观察并留意它们的特性时，我们首先要寻找的是一种非常独特的品质。某些月季苗开出来的花具有本章节中所描述的所有优点，但它可能仍然不是我们想要的。我们正在寻找的这种特别的品质可能与花朵捕捉光线的方式有关。当你看到它的时候，特别是当它与植株的生长形态、枝叶以及花朵在植株上绽放的方式结合在一起时，就会明白这一点。

我们在苗圃中使用"魅力"一词来衡量不同月季的价值高低，并以1到10的数字打分记录。尽管最好的那些月季随着时间的推移而广为人知，很难被人遗忘，但是在我们的育种基地进行选择时，我们是无法记住成千上万种不同的幼苗的；而用这种方式，我们可以反复记录一年中不同时间和不同气候条件下的月季表现。幸运的是，不列颠群岛有各种各样的天气环境，这也许就是为什么英国被认为是最好的繁殖月季的地方之一。如果一种月季在这里表现出色，那么在大多数气候下的表现也不会太差。

当然，那些花朵富有魅力，又有着迷人的植株生长形态的月季，仍有可能在抗病性、生长活力和重复开花等方面存在严重问题。我们

英国月季的起源和气质

40

常常为发现一株极为漂亮的月季而兴奋不已，但是却为发现它有这些
意外的问题而极度懊恼。这极大地减缓了繁殖和选择的过程。如果我
们能克服这些问题，月季育种将是一件非常容易的事。

5

Fragrance
花香

香味可以说占据了一半的月季之美，让芳香回归到月季，是我们育种英国月季非常重要的一个目标，也可以说已经小有成就。大多数园丁应该都能认同这一点：不讲别的，单凭香味，英国月季比其他任何一个月季类群都要出色。

嗅觉是一种很私密的体验，用武之地并不大。当然，它可以提醒我们远离潜在危险，也会使我们感到愉悦或是感到恶心。尽管嗅觉是让我们身心快乐的源泉之一，但却很难将其提升到艺术这一层面。但是，以花为媒介，闻取花香，可以算是少有的一种类似艺术的方式。在各种各样的花中，月季为我们提供了最为复杂又极为美妙的香味。

几个世纪来，在一些蔷薇植物产区，蒸馏玫瑰[1]精油成为一个蓬勃发展的产业。长期以来，玫瑰纯露也被认为具有一定的治疗作用。还有一个更重要的事实是，月季芳香已广泛应用于香水，也是香水工业的一个基础香源。月季的香味往往难以捉摸，也正是这种复杂度让它充满了魅力。有很多因素会影响它的香味，我们也很难确定会闻到什么。有些月季今天很香，可是到了第二天就不怎么香了。它们通常受天气的影响，比如在温暖或者潮湿环境下，它们又会变得特别香。

不仅是香味的强度，香味本身也会因天气的影响产生变化，在不

右图：无名的裘德有着浓郁的果香，令人想起甜白葡萄酒的味道。

对页：格特鲁德杰基尔散发出非常强烈但均衡的古老月季的香气，是英国月季中最令人愉悦的香气之一。

1　这里的玫瑰指的是蔷薇属植物，包括蔷薇、月季、玫瑰等，在国际上玫瑰精油或玫瑰纯露的萃取以大马士革蔷薇为主。

同的条件下会产生不同的香味。也有这样一种可能，今天之所以会闻到这样的月季香味，并不是因为今天的天气情况，很有可能是受到昨天天气条件的激发。还有一个情况是，随着花朵的盛开，一部分芳香类的化学成分比另外一些消耗得更快，那么月季花香在不同的时间点闻起来就会不同。

月季花在清晨闻起来最香，也许是因为它在夜里积蓄了能量。到了白天，花朵中的某些化学成分会逐渐消耗，以至于我们会闻到很不一样的香味。季节对香味也有影响：对于同一种花，我们可能在初夏闻到一种香味，而到了夏末则变成了另一种。通常在一年中，花季的早期香味会比较好，不过有趣的是，布莱斯威特偏偏在早期没什么香味，反而在随后的一段时间香味越来越芬芳。另外，地理因素也对月季花的香气有着显著的影响。在英国，月季的香味可能会弱一些，到了澳大利亚和美国南部等温暖的气候，月季的香味几乎浓得让人无法抗拒。所有这些变化无疑都与土壤和气候有关，这大大增加了月季香味的魅力。

花的香味闻起来会不一样，也有我们自身的原因。月季的香味是由许多化学物质组成的，有些人能够闻到大部分或全部香味物质，而另一些人可能只能闻到其中的一部分，因此每个人享受到的都是截然不同的香味。这在很大程度上基于我们自身的嗅觉敏感点在哪个调子上。

多年来，月季育种家在育种规划上往往忽视了香味。这是因为消费者很少是从香味的角度来选择月季，决定他们是否购买的因素往往是月季的外形。对大多数人来说，香味不过是赠品而已。但是一旦将月季种到了自家院子里，开花时候发现香味很淡，他们又会抱怨为什么没有味道。许多种植者认为美好而浓郁的香味并不会在商业上带来什么优势，这可能就是近百年来月季香味越来越淡的原因。

尽管我可以预见，终有一天我能培育出带有某种特定香味的英国月季，但我不能说我们是在有意识地培育。我们几乎已经利用了过去所有的月季类型，尽我们所能选择花香浓郁又特别好闻的月季亲本，并从它们的后代中挑选那些香味最为迷人的品种。因此，英国月季不仅是最香的月季类群，而且拥有迄今为止最丰富的香味。

几乎所有月季的基本香味都可以在英国月季中找到。一种香味的月季与另一种香味的月季杂交，就会出现新的香味组合。这就像我们在各种各样的英国月季中穿行时，会发现一种香味融入了另一种香味之中。

我认为这是月季芳香带给我们的最大乐趣之一。然而，这种多样性带来了一个问题，就是我们难以描述它们。这有点像描述葡萄酒，众所周知，味觉在这方面与嗅觉很接近。我们只能尽最大的努力，通过分类和参考我们大多数人知道的其他气味，就像品酒专家描述那些红酒一样，听起来我们好像有点自命不凡。

近年来，我们有幸从罗伯特·卡尔金（Robert Calkin）的专业知识中获益，他是一位香水顾问，也是一位月季爱好者。

当我们把一种香味和另一种香味混合在一起，芳香就如同月季的视觉之美一样，成为一种艺术。虽然月季的香味因品种和条件的不同有着很大的变化，但我们还是可以归纳整理出英国月季的一些基本香味来。

古老月季香

对我而言，所谓的古老月季香是英国月季或所有月季中最美妙的香味。大多数古老月季都有这种香气。我们首先在法国蔷薇中找到它，然后在大马士革蔷薇和百叶蔷薇以及许多白蔷薇中发现这种香味。后来，古老月季香出现在波特兰月季中，并在杂种长春月季中也经常能闻到。令人惊讶的是，在日本和韩国沿海发现的一种长势旺盛的玫瑰（Rosa rugosa）中也发现了同样的香气。古老月季香，跟其他所有月季香味一样，在不同的花朵上很难闻到完全一样的香味。它有着丰富的变化，正如我前面所述，这恰恰是英国月季的特点，因为它们有着非常复杂的香味来源。

在英国月季中，格特鲁德杰基尔具有最好的，甚至可能是最浓的古老月季香。这是从其父本波特兰月季尚博得伯爵（Comte de Chambord）继承而来的。埃格兰泰恩散发出淡淡的古老月季香味，这是继承自玫瑰亲本的古老祖先。古老月季香的另一个特别好的例子是贵族安东尼（Noble Antony），在格拉斯的芳香测试中，它被描述为"光彩夺目的古老月季香，带着一丝橡木的气息，如我们在法国蔷薇中所发现的，似醇熟的红酒"。另外，卡德法尔兄弟和爱德华埃尔加爵士（Sir Edward Elgar）都具有极佳的古老月季香，但要在温暖的天气香味才能发挥出来。以吹笛者的名字命名的詹姆斯高威也有一种迷人的古老月季的香味。农夫与格特鲁德杰基尔是近亲（事实上，两种月季都是在我们的苗圃附近发现的），并具有源自尚博得伯爵的优质古老月季香，但同时还伴有新鲜的草莓香，这一香味特征来自于藤本月季阿罗哈的后代，与光叶蔷薇有一定的亲缘关系。所有这些月季都将古老月季的香味遗传给了它们的后代。

茶香

这种迷人的、清新的香气来自中国月季与巨花蔷薇的杂交，巨花蔷薇是一种高大的藤本，以大而单瓣的白花得名，而它的气味与刚打开的中国茶包散发的香气非常相似 [1]。

通常，黄色和杏色的英国月季会有茶香味。其中最著名的品种是威廉莫里斯（William Morris）、飞马和魔力光辉（Molineux），后一种被授予皇家月季协会的亨利·爱德兰芳香奖。浓郁的黄月季格雷厄姆托马斯则是英国月季的经典，带有浓郁的茶香。色彩鲜艳的帕特奥斯汀也具有浓郁的茶香。茶香月季对英国月季的其他香味也有着重要的影响，在朝圣者中与没药香完美混合，在玛格丽特王妃中则与果香相结合。

没药香

没药的香气几乎是英国月季特有的。据我所知，无论是在蔷薇还是在月季中，也就艾尔郡蔷薇（Ayrshire Roses）有着没药的香味，它有一个叫锦绣艾尔郡（Ayrshire Splendens，现更名为 *R*.Splendens）的品种还被称为没药玫瑰。艾尔郡蔷薇是我们拥有的最古老的一种蔓生蔷薇。

---

1 中国巨花蔷薇的香气，其实就是另一种非常好闻的甜香味，与茶香（Tea-scented）其实没有太大关系，只是西方自古以来约定俗称的叫法而已。

没药的香气是由我们的第一株英国月季康斯坦斯普赖引进的，这种月季由名为美女伊西丝（Belle Isis）的法国蔷薇和丰花月季秀丽少女（Dainty Maid）杂交而成。美女伊西丝的花朵很小，呈柔嫩的粉红色，显然这不是很纯的法国蔷薇，格雷厄姆·托马斯认为它一定是艾尔郡蔷薇和法国蔷薇杂交的结果。无论真相如何，是美女伊西丝将没药的气味带到了英国月季花上，并世代相传。

没药的气味与茴香密切相关。比如月季冰山的香味中就含有一些茴香的香味，它是早期不少英国月季很重要的亲本，所以它的后代可能使英国月季中的没药香更趋稳固。

虽然很多人觉得没药香味闻起来让人愉悦，但还是有一些人不喜欢。不过没药香一旦与古老月季香和其他香味混合，那它闻起来就会非常棒。在康斯坦斯普赖中，就隐含有古老月季的香味。在遗产月季中，没药香藏在蜂蜜、水果的香味之下，同时还带有麝香和丁香的调子。

在许多以茶香为主的英国月季中都发现了没药的香气。这种组合最为明显的就是朝圣者和圣塞西利亚（St. Cecilia），花香中，没药香、古老月季香和茶香交织在一起。还有帕蒂坦，这种香味的混合很强烈，虽然不算很成功，但也获得了亨利·爱德兰芳香奖。

麝香

让月季花中蕴含着麝香的香气，这种想法有些浪漫。月季中的麝香香味之所以闻名，是因为它在某种程度上让人联想到真正的麝香，曾经在香水业中广泛使用的喜马拉雅麝鹿的分泌物。与其他的月季香味不同，麝香香味仅在花朵的雄蕊中产生。几代月季以来，经过筛选，出现了越来越多的重瓣品种，也就没留下什么雄蕊，麝香味随之减弱。在月季中，出于偶然的机会，雄蕊的香气与花瓣的香气达到某种平衡，我们就可以获得一些令人感到非常愉悦的香味。例如，古老的药剂师蔷薇（Gallica Rose Officinalis，现为 *Rosa Rosaica var.officinalis*），其雄蕊具有麝香的香气，与花瓣的古老月季香味完美融合。

通常，月季的气味不会散发出来，想要充分享受月季的芳香，需要在近处嗅花。因此，我绝不建议在月季周围种植诸如粉红色的石竹之类的

对页左：狂野埃德里克（Wild Edric）的花瓣有着强烈而甜美的芳香，花蕊则有着很纯正的丁香味。

对页右：芭芭拉奥斯汀（Barbara Austin）有着古老月季和丁香花的混合香气。

下图：艾玛汉密尔顿夫人（Lady Emma Hamilton）有着怡人的水果芳香，带有一丝柑橘类水果的味道。

花朵，因为它们的香味会不断散发出来，从而覆盖月季的香味。但是，麝香的香气却有所不同，它的香气会散发出来弥漫在月季周围，我们从边上经过就可以闻得到。

月季花中麝香香味通常与其他香味混一起，也不是主调，不过有许多英国月季具有麝香香味。我们可以在布莱斯之魂、香槟伯爵、弗朗辛奥斯汀、魔力光辉、慷慨的园丁、温德拉什（Windrush）等月季中找到它。

果香

水果的芳香极为丰富，我们常常在品尝水果的时候忽略这些香气的存在。如果你知道我们平常吃的大多数水果，比如苹果、梨、覆盆子、草莓、杏、桃等等，它们与月季一样都来自同一个植物家族（蔷薇科），我们能在月季花中闻到各种水果香味，也就不足为奇了。但是月季的果香可不止蔷薇科的水果，我们也能闻到番石榴（桃金娘科）或柠檬（芸香科）的气味。

当然，当我们谈论"某种水果"的香味时，我们指的是带有类似水果的基调或气息的月季香味。然而，尽管水果香气以其对其他香气的影响而著称，而不是凭借本身具有的香气，但仍易于识别出来。我

们能在中国月季、秋大马士革蔷薇及其后代波旁月季和杂种长春月季中闻到水果的香味，这些蔷薇、月季都参与了英国月季的育种。光叶蔷薇带有明显的苹果味，并通过藤本月季阿罗哈遗传到了英国月季中，这种月季对我们利安德系的许多生长力较强的月季，例如亚伯拉罕达比（Abraham Darby）、黄金庆典和玛格丽特王妃都产生了相当大的影响，渐渐地，光叶蔷薇的香气便与其他香气加以混合。黄金庆典还具有鲜明的茶香月季的柠檬香特征，混合在果香中。在所有的英国月季中，无名的裘德拥有的香气，是最像水果的香气之一。当类似水果的香味与其他月季的香味混合在一起时，它们会产生各种各样丰富而迷人的气味。因而，它们大大增强了英国月季的芬芳。

其他复杂的香味

英国月季除了前面所述的几种基本的香味外，还有许多其他的芳香气味，但它们通常与上述香味混合在一起。有时，似乎所有花朵的芳香都能在英国月季中找到。在希瑟奥斯汀（Heather Austin）和芭芭拉奥斯汀（Barbara Austin）中就发现了丁香花的香气。在爱丽丝小姐（Miss Alice）中发现了铃兰的香味。还有很多月季都散发着桃花的香味。有时，当我们为某种香味到底像什么而绞尽脑汁时，我们会用某种酒或蜂蜜的香味来描述它们。丁香气味出现在某些月季品种中，例如遗产，但是能被如此精确描述的很少。还有一点就是，不是所有人都能在类似的描述上达成一致意见，但这只会为英国月季增添更多的魅力。

6　The First English Roses
第一朵英国月季

　　我之前曾描述过我对英国月季的期望，想要将古老月季的美丽与灌木状的株型特性，同现代月季的重复开花能力及其更丰富的花色相结合，并在此过程中，培育出一种优于两者的月季。首先简要介绍一下我着手培育英国月季的最初几步，并希望借此把我的目标和愿景更清晰地表述出来。

　　想必大多数读者都知道，培育一株新的月季要从种子开始，若是将一个品种与另一个品种杂交，那么就是希望将这两个品种的特征结合在一起，培育出兼具两者优势的新月季。当我在 20 世纪 50 年代开始进行月季育种时，可供选择的古老月季太少了，而且我对于古老月季和现代月季的个人收藏相对有限，从中可选的亲本很少。在当时我选择了法国蔷薇美女伊西丝 [由比利时的帕门蒂耶（Parmentier）培育，1845 年推出]，因为它精致的古老月季花型极富魅力，花朵芳香甜美，植株又相当健壮。在现代月季这边，我选择了丰花月季秀丽少女 [1938 年由莱格里斯（E.B.LeGrice）培育]，它的植株强健，花朵硕大，单瓣，有着干净清爽的粉红色调。最后一点对我很重要，因为在那个时期的月季中，这种纯净的颜色很罕见。还有一点，它有着可

右图：丰花月季秀丽少女（左）和法国蔷薇美女伊西丝（右）是我们的第一个英国月季康斯坦斯普赖的亲本。

对页：康斯坦斯普赖的花朵很大，呈粉红色，是一种强壮的可灌可藤的月季。可惜的是，它只在初夏开一季花。

靠的复花性，这是我们想要的。我的想法是培育出小型的灌木月季，差不多如典型的法国蔷薇一般大小。我从它们的杂交后代里选了好几百粒种子播下，收获了一批幼苗，最后，当这批月季开花时令我感到非常意外，这是因为其中最好的一株月季不是我所期望的那样，它是一株巨大的蔓生的灌木，花朵也是巨大、呈杯状的古老月季花型，花色呈纯净的玫瑰粉。尽管它的花很大，但并不难看，与植株的比例恰到好处。它的花朵精致，几近完美。

但我失望地发现，这批幼苗中没有一株月季有复花性。现在我当然知道这应是意料之中的事，但那时我的知识非常有限。事实上，一株有着复花性的月季与另外一株没有这一特性的月季杂交，所得的下一代必然没有复花性——其复花基因是隐性的。

我将这一优秀的新品种和其他一些新月季一起，带给我的朋友，月季专家格雷厄姆·托马斯鉴赏。他对此非常热心，这让我深受鼓舞。他立即同意通过向阳苗圃（Sunningdale Nurseries）来推荐这种月季，他当时是苗圃的经理。我们推出这种新月季的时间是1961年。那个时候我自己做不了这些事，我只是一个农民，跟苗圃生意沾不上边。我们以著名的花艺师康斯坦斯·斯普赖（Constance Spry）的名字命名了新月季。这株月季一推出就获得了成功。直到今天，因为它有着美丽的、玫瑰粉色、芍药花大小的花朵，仍是较为受欢迎的月季之一。对于新手来说，在一开始就收获了这样一款月季无疑是幸运的，尽管它不是我最期望的月季，但它刚好拥有我想要的特质。然而，我们必须记住的是，同培育出能重复开花的好月季相比，培育出一个只在初夏开花的好月季显然要容易得多。我们把康斯坦斯普赖作为一种灌木月季来推荐，但后来发现，作为藤本月季它的表现更好。

康斯坦斯普赖的香味很有意思，正如我所说，它有一种强烈的没药香味，当时这在花园月季中是不同寻常的，尽管现在在英国月季中相当普遍。格雷厄姆认为它的亲本美女伊西丝本身就是法国蔷薇和艾尔郡蔷薇的杂交品种，由此可以解释这种气味，也可以解释为什么康斯坦斯普赖作为藤本表现得如此出色。艾尔郡蔷薇是一种蔓生植物，花小，花朵通常是白色的，呈簇状。据我所知，它们是唯一有没药香味的花园月季。这种香味在英国月季中被证明是稳定的，在一代一代的月季培育中，没药香味一直存在。

另有一个亲本，我们早期用过，是有着迷人的、浓郁的深红色花朵的法国蔷薇超级托斯卡纳。它并不是一种纯粹的深红色，但在中国月季斯氏猩红月季到来之前，它的红色算是最纯净的。我们将超级托

斯卡纳和另一个莱格里斯的丰花月季昏暗少女（Dusky Maiden）进行杂交。我的目标是，再一次培育出一种真正具有古老月季特征的月季，但这次是深红色。其结果就是培育出一种高约 1.8~2.4 米的灌木月季，其花朵先是呈纯深红色，随着生长变成了浓郁的紫色。这种月季有着强烈的古老月季的香味，但是同样，作为一个重复开花和一季开花月季之间杂交的下一代，它是不会重复开花的。它的花没有康斯坦斯普赖那么大，尽管如此，还是相当漂亮的。就生长习性而言，它算是一种较好的灌木。根据格雷厄姆·托马斯的建议，我们将其命名为奇安帝，并于 1967 年再次通过向阳苗圃推出。

　　我们在古老月季和现代月季之间还做了很多其他的杂交工作，其中有不少把我们带入了死胡同，但是康斯坦斯普赖和奇安帝为我们带来了希望之光，英国月季正是基于它们开始向前发展。它们都有我

53

下左：白蔷薇莱格拉斯圣日耳曼夫人是杂种阿尔巴月季的原始亲本，赋予了优雅和魅力。

下右：尚博得伯爵是一个非常有价值的亲本，有明显古老月季的风格特征，同时又有古老月季的花香，有着复花性。

们想要的独特的花朵特征，尽管它们仍然只能在夏季开花。为了获得重复开花的特性，我们不得不再次将它们与能重复开花的现代月季回交。在这之后，出现了一两株能重复开花的幼苗。到了第三代回交，几乎我们所有的幼苗都能重复开花。并且值得高兴的是，它们保留了许多我们非常渴望的古老月季的特征。

随后，我们使用了许多其他的亲本，包括法国蔷薇昂古莱姆公爵夫人（Duchesse d'Angoulême）、蒙特贝罗公爵夫人（Duchesse de Montebello）和药剂师蔷薇（Rosa Officinalis，现在名 *R. gallica var. Officinalis*）；大马士革蔷薇布鲁塞尔城（La Ville de Bruxelles）、玛丽路易丝（Marie Louise）和塞西亚娜（Celsiana）；以及白蔷薇丹麦女王、莱格拉斯圣日耳曼夫人（Madame Legras de St. Germain），这些都属于古老月季。在现代月季中，我们尽量选择在外观上与古老月季相差不太远的早期品种，免得淡化古老月季的特征。其中包括卡罗琳泰斯托夫人 [Madame Caroline Testout，1901 年由乔夫里（Chauvry）培育]，这种茶香月季在"杂种茶香月季"这一系月季得名之前就已经出现在了花园中。它的花朵非常饱满、呈杯形，是粉紫的丁香花色。这是一种非常健康、可靠的月季，在当时被广泛种植，可以说是那一时期的和平月季（Peace，这种月季现在被命名为 Madame A. Meilland）。另一种是丰花月季马帕金斯（Ma Perkins，1952 年由 Jackson&Perkins 培育）。我选择这种月季是因为，虽然它不怎么漂亮，但它有着像波旁月季一样的杯状花朵，我非常想让英国月季拥有这种花型。为了获得浓郁的深红色，我选择了伏旧园城堡（Château de Clos Vougeot，1920 年由 Pernet Ducher 培育），它的长势虽然较弱，

但因为有此花色而享有无与伦比的声誉。

到了20世纪60年代末至70年代初，我们开始以"大卫奥斯汀月季"之名推出一些"英式"月季，其中包括巴斯妇（Wife of Bath）、乔叟（Chaucer）、修女院长（The Prioress）、坎特伯雷（Canterbury）和骑士（The Knight）——所有的名字都来自于乔叟。这些月季正有我非常渴望得到的古老月季之美，不幸的是，它们长势较弱，也易染病。我当时是有点草率了，着急把这些月季投放市场，也因而给英国月季带来了易受疾病影响的名声，而今天，事实与之恰好相反。当时的实际情况是这些月季大受欢迎，由此我成功地将"英国月季"这一概念推到台前。

接下来我要做的是为新一代月季找到更多的亲本，它们的活力和抗病能力是我们成功的关键。同时，我也要谨慎，不能因此丢失我们已经拥有的月季的独特魅力和特点。考虑到这一点，我选择了具有复花性的古老月季波特兰（The Portlands）、波旁月季和杂种长春月季。这些月季一般来说不是我所想要的古老月季类型，但它们确实有独特优势，至少在某种程度上它们有着重复开花的能力。当它们与我们最初培育的那些月季杂交后所产生的后代，就有了很好的复花性，而且仍然有我想要的花朵类型。在这些亲本中，最有价值的应该是波特兰月季。

英国月季越来越受欢迎，也在很大程度上受到园艺类媒体的关注，尽管如此，我仍然不甚满意。这些月季已经有了我想要的那种美丽和芳香，但它们的活力和抗病能力尚未如我所愿。我想追求一种充满活力的，各方面都表现优秀的月季，至少有良好的抗病性。当然，如果能有完全的抗病性就再好不过了。因此，我把视线转向了强壮的杂种玫瑰康拉德费迪南德迈耶（Conrad Ferdinand Meyer）。知道这种

上图：巴斯妇，由杂种茶香月季卡罗琳泰斯托夫人和康斯坦斯普赖的后代杂交而来，是我们第一个实现多季节开花的英国月季品种。

玫瑰的人可能会觉得这种选择很奇怪，因为它在玫瑰系列里并不算特别抗病的，但是很不寻常的是，它还有着杂种茶香月季的花型。它的生长较为缓慢，但确实极为强壮。然而，我选择这个品种更多是因为它的母本和父本，而不是因为它自己。它有两个完全不同的亲本：开着迷人的黄色花的藤本怒塞特第戎格洛伊尔（Gloire de Dijon）和一个活力四射的杂种玫瑰，这种杂种玫瑰几乎可以肯定是粉红色或红色的品种。可以重复开花的原生蔷薇植物有三种，玫瑰是其中之一，所以它在月季的复花性上能够发挥作用。而且它非常耐寒、抗病，又有着极佳的香味。我的想法是，如果可能，把第戎格洛伊尔的花朵的品质与玫瑰的活力相结合，并将这些特征与现存的英国月季再结合起来，同时保持甚至增强它们的美丽。我从不对此抱有极高的期望，但是在月季的育种过程中，往往就是简单地试着找一下，好的结果就出现了。

　　在这次育种工作中，我得到了两组非常不同的后代，且两组都非常有价值。似乎康拉德费迪南德迈耶的两种亲本——第戎格洛伊尔与那种杂种玫瑰的特征还是分开体现的，极少会融合在一起。所以我们有了两组几乎截然不同的月季苗：一种承袭了康拉德费迪南德迈耶的怒塞特的生长特性，另一种则继承了玫瑰的特征。于是乎，我们一次性获得了两类新的英国月季，两者对整个英国月季家族都非常有益。

　　怒塞特的基因带给我们一直很受欢迎的格雷厄姆托马斯，它给这个品种带来了浓郁的黄色，这是我们非常需要的。从格雷厄姆托马斯的生长和叶子来看，它也是典型的怒塞特月季。而玫瑰的基因给我们带来了玛丽罗斯，它有着古老月季纯正的花和叶子，且生长茂密。这两个品种都耐寒，健康并富有活力，具有不同寻常的良好的重复开花特性。后来它们对英国月季产生了很大的影响。玛丽罗斯不是一种典型的玫瑰，但不难看出玫瑰在其中的作用。它有典型的古老月季的花，几乎没有什么病害。它也是一种富有活力、枝叶茂密且复花性良好的月季。

　　格雷厄姆托马斯和玛丽罗斯的出现奠定了英国月季广受欢迎的基础，并为一系列新的月季开辟了道路。自20世纪70年代末80年代初以来，我们在英国月季中引入了大量其他的亲本，从而产生了

上图：康拉德费迪南德迈耶是英国月季格雷厄姆托马斯和玛丽罗斯的重要亲本。

更广泛的多样性和更多的优良品质。包括光叶蔷薇的后代，一种有着复花性的藤本月季新黎明，它的后代成为一系列"现代藤本月季"（Modern Climbers）的基础亲本。这些月季本身通常只是灌木月季，这使它们成为发展大型灌木的理想选择。另一个发展方向是杂种阿尔巴月季，我们期望能获得一些有着特别美感的大灌木月季。还有一些品种，我们对其未来大致的目标就是寻求更强的抗病性或者是其他的优良品质。

上左：格雷厄姆托马斯是色彩格外浓郁的黄色月季，也是最受欢迎的英国月季之一，它无论作为灌木还是藤本，都表现优异。

上右：玛丽罗斯是有着真正古老月季特征的玫瑰粉色月季，它和格雷厄姆·托马斯是我们第一个广受欢迎的英国月季，为我们现在所知的英国月季铺平了前进的道路。

7

The English Rose as a Garden Plant
花园里美丽的英国月季

有一点很清楚，我们培育英国月季的目的就是为了把它种在花园中。英国月季既拥有优雅美丽的外表，又富有浓郁的芬芳，且花型丰富，花朵大小各异，为我们提供了非常多的选择。它们自然的灌丛状株型，是花园月季的理想选择。相比之下，杂种茶香月季和丰花月季长得矮小且有棱有角。英国月季要么呈浓密的灌木，要么枝条优雅生长呈拱形，植株从高到矮不等，叶子也有着不同的形态和颜色。它们的花色虽然多以温和的色调为主，但颜色丰富，有着从白色到深红色，从淡淡的柠檬色到浓郁的金色等多种变化。

英国月季的复杂多变，使得它可以适应花园中的不同位置，也易与其他植物进行搭配种植。另外，就像现在的大多数月季一样，它们花期很长，能持续整个夏天。英国月季是花园里的贵族，与其他植物搭配种植，更能彰显它们独特的魅力。

花园月季虽然在很大程度上是人工的产物，但凭借上述的诸多天然优势，它极其适合种植在住宅等人工建筑的旁边，包括混合花境、花坛和房子周边的花境，也都很适合它们。英国月季繁茂的生长态势和厚重的花朵，与生硬的边界形成了鲜明的对比，让英国月季成了花园的理想之选。也就是说，那种修剪整齐、特别规整的花园，与自然生长的英国月季产生了强烈的对比。我甚至想，它们之间似乎彼此相依。英国月季与规则式花园颇为契合，通常，我们不会将它们种植在更为荒芜的地方，除非我们选择了英国阿尔巴杂种月季（English Alba Hybrids）或那些似野蔷薇般更加蔓生的月季品种。

对页： 位于奥尔布莱顿（Albrighton）的大卫奥斯汀玫瑰园的漂亮一景。蜿蜒的几何树篱，分隔出一个一个环，每一个环内都种有一株不同品种的英国月季，这些月季通过强剪被压低高度。在紫杉树篱背后还有一些别的英国月季。

成组种植的重要性

我想大家都能接受这一观点，比起单一种植，几乎所有的植物成组种植或以共同的主题来种植，效果会显得更好，看起来也更加自然。野外那些花草植物几乎都是以这种方式生长的，各种不同的植物

星罗棋布，相当随意，也看不到哪个植物特别地出挑。

月季，尤其是英国月季，与灌木月季一样，在某种程度上可以说是特别理想的庭院植物，它们有着非常漂亮的花朵，而且相比于其他植物，其色彩更能给花园带来独特的光彩效果。但是即便是我这样热爱月季的人，也要指出它的缺点。灌木月季会开出花瓣数量极多的重瓣花，并且在整个夏季持续开花，所以对灌木有着很高的要求。为了能满足这个要求，我们通常采取实生苗根接[1]的方法来嫁接月季，这样植株生长地会更加强壮，但这也意味着它的生长仅来自一个点，即月季出芽的那一点，由此导致植株的基部窄小，而上半部宽大饱满，这样的株型显得非常不美观；如果我们面对的是拱形生长或是株型较宽的月季，那倒是无关紧要。

问题不止于此，复花性对月季还有另一个重要影响。几乎所有野生蔷薇每年只在初夏开一次花，在余下的时间里，它们会积聚能量长出又长又强壮的枝条，到来年再开出花朵。可是现在有着复花性的月季就没有这样的优势了，因为重复开花，每根分枝都能开花，这通常会导致植株生长散乱，形态不够优美。

对于上述问题，我们有一个简单的解决办法，将一个月季品种以三株或三株以上为一组进行种植，这比三种不同的月季散落布置在花园中要好得多。将它们以约45厘米的间距种植，最后会生长成一个浓密有型的灌丛，无论从哪个角度都能好好欣赏。当然，这会增加购买月季的费用，但我相信这是值得的，毕竟同之前相比，月季在花园中呈现出了非常好的效果。但是如果空间有限，例如在很小的花园内，或是在大花园的某一角落，在人们可以近距离赏花的情况下，一株月季周围搭配种植其他的植物，也能呈现出很好的效果。

混合花境

在很多人眼中，英国月季非常适合与草本植物或灌木一起种植在混合花境。尽管英国月季本身就是灌木，但完全由灌木组成的花境

上图：混合花境中的农舍玫瑰与草本的天竺葵及其他植物。

对页：迷人的英国月季埃格兰泰恩与茂盛的草本植物和谐相处。

1　实生苗根接，就是将选作砧木的蔷薇种子播种成苗后，在其根颈部嫁接接穗，形成根系极为发达的嫁接苗。

花园里美丽的英国月季

对它们来说并不算理想，这是因为它们会开出大量花瓣相对复杂的花朵。如果你确定想把英国月季种植到纯灌木花境中，最好选择那种株型自然、花朵相对简单并且较大型的品种，例如科迪莉亚，莫蒂默赛克勒，斯卡布罗集市，亚历珊德拉玫瑰（Alexandra Rose）和银莲花月季。

对于英国月季来说，我认为它们特别适合成组种植于混合花境，因为它们必须与其他更具活力和侵略性的植物竞争。一组同一品种的月季可以和谐相处，因为它们具有相同的生长活力，不会发生其中一株占主导地位，从而扼杀其他月季的情况。同样重要的是，月季周围种植的其他植物也不能过于强势。复花性的月季在开花上耗费了太多能量，以至于无法承受过多的竞争；即使是矮小的入侵植物，也能对月季产生负面影响，降低月季的生长活力。

出于审美，在混合花境中成组种植月季也同样重要。单株月季种植在其他植物中，不仅难以展现出最佳效果，而且还可能淹没在其他各种花朵中。英国月季可以长成活力四射的灌丛，但如果被挤在其他植物之间，它们很难发挥出自身的优势。最好让它们能长成相对独立的株型，比如在它们周围搭配种植较矮的植物，如此它们才有生长空间，能充分呈现优雅和美丽。甚至，相对于花境中的其他植物，我们可以将月季种植在更靠前一点的位置，这样，它们就不会被花境后方的大型植物所遮盖，并且能够以最佳的效果展示出花朵和株型，这也有助于消除花境过于平整的劣势。英国月季是花园中最引人注目的植物之一，值得把它们作为视觉焦点来种植周边的植物。

英国月季以多样性而著称——不同品种拥有不同的花朵、叶子和生长形态。随着培育并推出了更多的新品种，英国月季在混合花境中有了更广泛的应用。那些植株高大、直立的品种，例如查尔斯奥斯汀（Charles Austin）、格雷厄姆托马斯和朝圣者（有时生长缓慢）可以种植在较小的植物后面，这样越过别的植物也能看到它们。

还有那些有着拱形生长习性的品种，如亚伯拉罕达比、红花玫

上图：一条小径穿过一个草本花境，营造出优美的自然景色。

对页：种植在私密小花园内的英国月季。

瑰、黄金庆典和格蕾丝等，应该给它们留有足够的生长空间，以彰显其生长之美。可以将它们种植在稍稍靠后的位置，并引导它们将长长的花枝优雅地探入花境。那些枝条又细又浓密的品种，像埃格兰泰恩、玛丽罗斯、银莲花月季等，它们可以种植在花境的中心位置。矮小浓密的月季，如安妮、善举（Charity）、抹大拉的玛丽亚（Mary Magdalene）和五月花，可以种植在花境的前沿。

还有低矮、横向生长的月季，例如特雷弗格里菲斯（Trevor Griffiths）和威廉莎士比亚2000，它们也可以在花境的前沿找到合适的位置。不过，我们没必要为此类问题而过于烦心，很多美好事情的发生都是因缘际会，即使我们种错了，还是可以移走边上的植物或是月季，试着再调整一次。若出现了与我们预想效果相反的情形，即使是完全成型的月季，也可以在秋天的时候轻松移栽，这样做并不会影响它们的生长。

英国月季花境

如果你想收集一系列英国月季，也可以考虑种植专类花境[1]。这是很好的收藏方式，尤其是在你的花园规模有限，且无法建立完整月季园的情况下。在这样的花境中，成组种植就显得尤为重要。从五月下旬直到冬季来临，花朵将一直绽放。你可以种植各种各样的品种，获得各种不同的美丽的花朵。如果你愿意，还可以将切花置于室内，在家里欣赏。随着时间的推移，可以增加一些吸引你的新品种，并淘汰掉你不喜欢的。这样，你的花园会随着你的兴趣而发生变化。

在专门为英国月季设计的花境中，月季大而重的花朵可能会产生

---

1 专类花境是指由同属的不同种类或同种但不同品种的植物为主要种植植物的花镜。

"臃肿"的效果，除非将它们与更小巧，颜色更浅的花朵混种在一起，这些花朵能够抵消"臃肿"感，将花境连接成一个和谐的整体。花朵较小的品种包括布莱斯之魂、巴特卡普（Buttercup）、弗朗辛奥斯汀和奎克莉夫人（Mistress Quickly）。也有可能包括一些其他群体的月季。我们还可以使用铺地月季如白宠物（Little White Pet）和多花月季，以及原种蔷薇，它们的株型精致，就像观叶植物一样。

当然，你也可以将英国月季与其他月季混合在一起，包括古老月季。许多人都非常喜欢古老月季，我也是如此。问题在于，这些原始品种虽然漂亮，但有着无法回避的缺点——它们的株型不够引人注目，且没有复花性。而较新的古老月季，波特兰、波旁月季和杂种长春月季虽然也有复花性，但很有限，并且容易生病。一般来说，古老月季的花色也非常有限。仅出于这些原因，值得在古老月季的花境中添加一些英国月季。这样，我们就可以拥有一个多样化和美丽的花境，在整个夏天都将充满乐趣。

月季花坛

在 20 世纪，杂种茶香月季和丰花月季在月季中的地位是至高无上的，这是因为它们非常适合种植在规整的月季花坛里。确实，这也是育种它们的目的所在，到现在我仍然认为这是它们理想的栽种方式。英国月季通常不适合规整的月季花坛，它们更像是为花境而生，就像它们之前的古老月季，乃至一般的灌木月季一样。但是，也有一些英国月季生长较矮，分支很多，还能重复开花，这些都完全适合在花坛中种植。这些较矮的英国月季甚至会比许多丰花月季（如果不是全部的话）更适合花坛。这在很大程度上是因为它们最初是从生机勃勃的、健壮的月季中培育出来的，在某种程度上也归因于杂交所带来的活力，就像其他的英国月季一样。

当种植颜色鲜艳的杂种茶香月季和丰花月季时，我们通常的建议是只种植一种，否则这些不同的花色会有一定的冲突。而英国月季就没有这种问题，大多数品种可以自由混合种植。只有种植颜色更浓郁的英国月季时，我们才需要更加小心。色调柔和的英国月季可以混合种植，使颜色相互融合，形成近乎斑驳的效果。在花园中，经过适当设置并

花园里美丽的英国月季

下图：英国月季自然浓密，枝条伸展，无疑使它们成为最佳的树状月季。图为格雷厄姆托马斯。

重剪的混合英国月季花床会非常地赏心悦目。但是将英国月季与鲜艳的杂种茶香月季和丰花月季混合效果则不会太好。

树状月季

在所有月季中，英国月季是最为适合培养成树状月季的，比其他所有月季都适合。树状月季，按照美国人的叫法就是树月季。可能有读者会期待我能下个结论。的确，我认为英国月季株型大而强壮，通常呈灌丛状或拱形生长，这些都让它们可以完美达成这一目标。树状月季想要在独立的主干上长出丰满的树冠，必须要足够强壮才行。

有些树状月季的品种可能太大了，但是除了最大的品种外，其他所有的品种都非常出色，冠形圆润且匀称。

在花园的关键位置，树状月季就很有用。它们的优点是我们可以径直走到它们边上，近距离欣赏花朵，享受芬芳。有一种传统的树状月季的种植方法就是在花园小径的两侧等距离种植，这样也很不错。一株单杆直立长势良好的树状月季可以成为花园中的视觉焦点。如果草坪上没有园景树，那么树状生长的英国月季就可以作为园景的焦点，整个夏季都将会有鲜花盛开。各种拱形生长的月季，例如黄金庆典或格蕾丝等都是培植成树状月季的理想选择，它们的花朵都会微微转过来，可以供人欣赏，而不是朝上对着天空。

在小型花园里，树状月季有着一定的高度，可以成为小型月季花园的绝佳视觉中心，尽管放一座雕塑的效果可能会更好。一般我们不会在混合花境中种植树状月季，但如果它们的花冠正好处于生长较矮的植物上方，那么可以在花境中发挥很好的作用，达到令人满意的双层月季效果。传统的月季花坛，特别是作为正式月季花园的一部分，可能在视觉上过于单调。若是在花坛的中间种上一株树状月季，只要下面的灌木月季不碰到树状月季的冠部（不然会带来杂乱感觉），便可以缓解这种过于平整的单调感，并增加形式效果。重要的是，在树状月季周围必须有很矮的灌木丛。

符合树状的优质英国月季包括埃格兰泰恩（柔和的粉红色）、黄金庆典（丰富的金黄色）、布莱斯威特（明亮的深红色）、抹大拉的玛丽亚（柔和的杏红色）、玛丽罗斯（玫瑰粉色）、魔力光辉（浓黄色）和威廉莎士比亚2000（富有天鹅绒般的深红色）。

园景灌木

孤植的英国月季可以起到与树状月季相同的作用。大型园景灌木非常适合沿着道路种植，也适合种植在草坪或草甸上。它们也适合极简主义花园。

想要将英国月季以园景灌木那样孤植，特别重要的一点是，一个品种三株一组种植才能获得最佳效果。这些植物应紧密种植（相隔45厘米），以使它们最终长成相当于单株的植物。

事实上，株型宽阔或是枝条呈拱形生长的品种较适合孤植，作为园景灌木生长的月季。比如英国月季海德庄园就非常理想，它与腺果蔷薇（*Rosa fedtschenkoana*）有关，后者是自然重复开花的大型蔷薇。这使我们能够繁殖出具有显著复花能力的大型灌木，这是两个特征，通常不出现在一起。其他可选择的月

下图：英国月季非常适合孤植为园景灌木。图中，黄金庆典有着良好的丛状生长。

季，包括亚伯拉罕达比（粉红色带有一些杏黄和黄色）、什罗普郡少年（柔和的桃红色）、奇安帝（深红色）、红花玫瑰（柔和的杏色）、玛格丽特王妃（橘黄色）、杰夫汉密尔顿（Geoff Hamilton，温和的粉红色）、黄金庆典（浓郁的金黄色）、詹姆斯高威（暖粉色）、利安德尔（深杏）、帕特奥斯汀（亮铜色）、圣斯威辛（St. Swithun，柔和的粉红色）、什罗普少女（肉粉色）、甜蜜朱丽叶（Sweet Juliet，发光的杏色）、欢笑格鲁吉亚（深黄色）和德伯家的苔丝（Tess of d'Urbervilles，明亮的深红色）。仔细选择这些月季是很有必要的，因为直立生长的品种其基部裸露，通常花朵都盛开在顶部。

花园里美丽的英国月季

盆和容器

　　无论大小，每个花园总有一些地方适合盆栽月季，即使只有露台也可以。使用花盆或其他容器种植植物越来越流行，而英国月季则是一个理想的选择。它们通常具有浓密或伸展的生长形态，这正是我们单独种植盆栽植物所需要的，并且与其他的大多数植物不同，它们可以长期开花。这样的盆栽可以布置在用砖石铺好的地面或是用砾石铺就的区域，效果非常好。

　　在大花园中，可以放置一些盆栽的月季，以给原本可能是平坦或无聊的空间带来个性和趣味，例如，可以在房屋前面的铺砌区域，将六盆月季横向摆开，就能起到很好的效果。现在在我们的苗圃，对45厘米大盆的英国月季的需求不断增长。当然，花盆可以更小，并且可以购买裸根苗自己种植（请参见第306页）。

在容器中种植月季的一个好处是，我们有机会近距离观看它们，本来也许只有热心的园丁才能在花园中看到它们。月季变成了我们亲密的伴侣，我们欣赏月季盛开，嗅着它的芬芳，甚至能观察它们生长的每一个细节。还有一个好处是花盆可以随意移动、重新排列，这样我们就可以把盛开的月季放在前面，有时候还可以挪动月季以便腾出更多的空间，等等。总而言之，以这种方式种植月季似乎有着广阔的前景。

月季被栽种在花盆中时，充足的水分和施肥就是必不可少的，它们的命运完全掌握在我们手中；一旦缺水，它们的生命就会受到威胁。

几乎所有的英国月季都适合盆栽，其中那些直立的品种适合较小的花盆。我们认为下面这些生长茂密的品种特别适合种植在大型花盆中：安妮博林（Anne Boleyn，柔和、温暖的粉红色）、香槟伯爵（浓郁的黄色）、克里斯多夫（浓郁的橙粉色）、黄金庆典（浓郁的金黄色）、格蕾丝（杏色）、哈洛卡尔（玫瑰粉色）、约翰克莱尔（John Clare，光泽的深粉色）、抹大拉的玛丽亚（杏红色粉红色）、波特梅里恩（Portmeirion，光泽的粉色）、索菲的玫瑰（Sophy's Rose，浅红色）和威廉莎士比亚2000（深红色）。

树篱

英国月季还有另一种种植方式——可以作为花园的树篱植物。至少在温带地区，没有其他植物像月季那样，可以在如此长的时间内提供如此多的色彩，英国月季的色彩也非常丰富。当然，月季不会像其他树篱那样，能够修剪整齐。在很多人的认知中，大部分树篱都是绿色背景，能带来宁静的氛围，但是在花园中的某些地方，还是需要一些色彩斑斓的篱笆。月季树篱也可以用于分隔花园，只不过英国月季很难达到这种效果。如果房屋前面有通向花园的道路，那么种植一排英国月季以标记道路的终点和花园的起点，倒是一个不错的主意。这样的树篱有着额外的优势，即它能形成一个密集多刺从而难以穿越的屏障。

通常在树篱中只会种植一种月季，因为如果将多种月季品种混合，

花园里美丽的英国月季

很可能导致强者占有优势地位，而弱者则在树篱中慢慢消失。另一方面，在空间有限的情况下，混合树篱确实为我们提供了种植多个品种的机会。若想将多个品种混合种植，可以尝试选择大小和强壮度相似的品种。对于低至中高的树篱，你可以考虑结合使用玛丽罗斯（深粉红色）、雷杜德（Redoute，柔和的粉红色），以及温彻斯特大教堂（白色），由于后两个品种是玛丽罗斯的芽变品种，所以生长习性差不多。

为了获得密集的树篱，请将月季紧挨着种植，植株间隔不要超过45厘米。这样，对于较长的树篱来说，可能所费昂贵，但是你的园丁也许可以通过购买单一品种的大订单来降低价格。

月季树篱的高度或许会有所不同，可以很低也可以很高。与作为花园屏障相比，低矮的树篱更适合成为一条分界线，将花园中的区域分隔开来。很多人会看到用药剂师蔷薇或罗莎曼迪蔷薇（Rosa Mundi，现为 *R. gallica* Versicolor）生长成的低矮树篱，有时用来圈出一个大的花境。英国月季也可以起到同样的作用，而且它们还能在很长一段时间内反复开花。理想的例子是安妮、药剂师的玫瑰（The Apothecary's Rose）、五月花，这些都可以通过修剪保持植株的低矮状态。

五月花是一种特别适合作为树篱的植物，其植株纤细，复花性好，而且据我们所知，几乎没有病害，作为月季树篱，这是一个非常重要的考虑因素。五月花拥有迷人的、暗绿色的叶子和色彩淡雅的花朵，它既可以很好地衬托种植在前面的植物，又不至于太过耀眼。五月花的唯一问题是它会受到红蜘蛛的侵害，在美国南部以及夏季酷热和冬季温和的地区尤为严重。在英国，很少有花园会遭受这种害虫的侵害，但是如果你所在的地方易遭受这种害虫，那么可以选择其他品种，其他适合作为低矮树篱的月季品种包括布莱斯威特、魔力光辉和权杖之岛。

对于中等高度的树篱，你可以选择科韦代尔（Corvedale）、埃格兰泰恩、玛丽罗斯、雷杜德或温彻斯特大教堂。

高大的树篱由于会被大量的花枝覆盖，并且可能被压倒，失去树篱的形态，所以需要用栅栏或铁丝网进行支撑。适合种植为高大树篱的月季有布莱斯之魂、巴特卡普、玛格丽特王妃、欢笑格鲁吉亚、福斯塔夫、利安德尔、马丽奈特、奎克莉夫人、德伯家的苔丝和银莲花月季。另外，海德庄园非常适合栽植成高大且密不透风的树篱，并且它有着非常好的复花性，可以连续开花。

关于颜色，最好是选择较为柔和的花色。我还发现一点，过度的

混合种植很不可取。

　　无论单一品种还是多种月季一起种为树篱，毕竟是有大量的月季挤在一起，所以喷洒药剂是必不可少的。要记住，不管是月季树篱还是其他形式的种植，在预防病虫害方面它们都需要同样对待。还有就是需要勤施肥。

植物搭配

　　无论我们是在混合花境、月季花境还是在月季花园中种植英国月季，都会面临一个问题，即如何将它们与其他月季品种或其他植物进行搭配种植，以达到最令人满意的效果。这方面的内容，有很多人比我钻研得更深入，他们能写出更多的细节，在这里我也想提出一些一

上图：长锥形的花与月季花很搭，互相之间也不会产生很大的竞争。图为毛地黄和英国月季格特鲁德杰基尔。

般性的建议。

在色彩方面，具有柔和色调的英国月季一般不适合与有着强烈浓郁色彩的植物种在一起，除非你是想故意创造一种对比效果。英国月季大致可分为两种：黄色月季和其他月季。黄色的英国月季与其他颜色的英国月季有着截然不同的特征，有趣的是，连它们的繁殖都有着很大的不同。黄色是一种显"热"的颜色，而大多数英国月季都具有"冷"的色调，甚至红色的英国月季也往往显得冷冷的，因为它们的花色几乎总是带有紫罗兰色或淡紫色。随着花龄的增长，这种现象变得更加明显。相比黄色月季，红色月季在与其他颜色搭配时就没有太大的问题。

要特别注意冷暖两种色调的搭配，一个成功的月季花园只能由黄色、杏色和火红色组成。同样，也可以有一个月季花园或花境，是由胭脂粉色调渐变成深粉红色，再到深红色、紫色、紫罗兰色和淡紫色。如果你想种植一系列英国月季，只需将黄色调的月季放在一个区域，即可将冷暖色调区分开来。我们还可以设计彩虹效果，从花境的开始到末端，一个颜色接一个颜色依次递进。

当将英国月季与其他植物混合种植时，同样的规则也很适用：冷色不应与暖色靠太近。但是，对这种规则的认识也不能太死板，暖色调的出现也会给由冷色调组成的花境带来生气。而且，我们大多数人能拥有的花园都不会太大，各种月季的收集与选择余地也不大。

关于"什么植物与英国月季最搭"这个问题，有一两个要点可能对你能有所帮助。首先是许多英国月季，就像它们的姐妹——古老月季和杂种茶香月季一样，给人留下了相当"臃肿"的印象。它们的花朵美丽芳香，但都显得厚重，这本身并没有什么不好，是它们美丽的一部分，但最好能轻盈一点。在英国月季的花境中，一个不错的方法是通过偶尔添加一些较轻盈的月季来减轻这种影响，比如选择单瓣

上图：魔力光辉和后面的朝圣者，展现了宜人的自然生长的状态。

对页：一小片草坪分隔出两个宜人的月季花境。

花、半重瓣花或者是成簇状的小花。这类月季并不少，比如在本书第63页所列的那些月季，我这里推荐以下英国月季：遗产、科迪莉亚、科韦代尔、晨雾（Morning Mist）、斯卡布罗集市、安妮以及银莲花月季。

如前所述，我们可以增添一些地被月季（Ground Cover Roses）或原种蔷薇，后者的花期很短，但它们的叶子轻盈而疏朗，此外还有一个优点，即精巧的花朵盛开之后会结带有装饰效果的果实。我的意思是，您应该尝试选择那些花朵较轻的品种，避免月季的整体显得过于厚重。选择轻盈的月季有助于将花境整合成一个整体。当然，将英国月季和草本植物一起种植的混合花境，因为植物的种类繁多，就不会产生什么问题。即使如此，也要避免种植过多大型、花朵沉重的植物，例如芍药就不大适合，轻盈的植物可能更好一些。另一方面，有着尖顶花序的翠雀花与粉红色和白色的月季在一起种植就非常般配。

我们不应忽视这样一个事实，即在很多植物的花朵凋零后，才会迎来月季的花期，并且月季的花期很长，这是特别有价值的一点，也就避开了它与其他植物相伴的问题。每年年初，英国月季那迷人的叶子可以成为其他植物极好的背景，到了月季开花的时候，别的植物的

花园里美丽的英国月季

叶子又会成为它的陪衬。我们只要稍加思考及调整，便可以发挥这两种情况下的优势。

　　总体而言，通过仔细观察，你就会知道哪种月季与另一种月季或另一种植物的搭配效果最佳。如果你有机会剪掉一些月季和其他植物的花朵，那么很容易就能看出来，哪种组合令人满意。如果你发现犯了一个错误，也可以轻松换掉种错的月季或其他植物。就像我说过，只要是在秋天，移栽月季比大多数人想的要容易得多。

　　尽管非常了解应该如何规划花园，但我必须承认，因为新品种的引入增加了不确定性，所以我们在奥尔布莱顿的花园还没有这样的计划。而且，这似乎并未对它们造成什么不利影响。

现代趋势

　　我们这些在电视上观看园艺节目，或在花展上看过庭园展示的人，不禁对将园艺转移到设计学校的趋势感到震惊。大家都知道，在设计学校，花境、草坪和各种植物都极为稀缺，创作的花园以沙砾、混凝土和石块为主，包括了少量花卉，而月季则几乎看不到。然而，在这样的"新"花园中，英国月季其实是一个理想选择：它们在整个夏天持续开花，在春天也不缺乏吸引力。同样，枝叶结构良好的月季与人工结构搭配也有非常好的表现。

　　有些人认为最高的园艺形式几乎是完全放弃植物，当然，这样的花园也可以很美丽，也有其价值，但我们必须搞清楚一点，它们是"建筑"而不是"园艺"。真正的园丁喜欢生长的事物，喜欢鲜活的美，在不断变化的生活中享受乐趣。植物自有其美，生命之美，这才是园艺，也是月季栽培的意义。

对页：以蔓生月季为背景的英国月季，营造出了色彩缤纷的氛围。

花园里美丽的英国月季

8 English Climbers in the Garden
花园中的藤本英国月季

在这个章节开始之前，我要先解释一下，藤本英国月季并不是一个独立的类群。事实上，它们就是英国灌木月季，只不过部分品种也可以被当作藤本植物来培养，最终是藤本还是灌木完全是由人控制的。就英国月季而言，这种情况在利安德系的品种中尤为明显，因为这些品种与光叶蔷薇和怒塞特月季（就英国麝香月季（English Musk Roses）而言）有关，它们都是非常优良的灌木品种，但通过精心修剪，能长成优秀的藤本。有一些英国古老杂种月季（Old Rose Hybrids）也是如此。

还有一点必须补充，我有绝对的自信，以藤本来栽培的英国月季，无疑是最好的。一到花季，花朵就从地面往上开满一树，很少有别的藤本月季有如此出色的持续开花的能力。月季花盛放的样子，少有迷人如藤本，它们居高临下地绽放，以最迷人的姿态呈现美丽。除此之外，藤本英国月季还有一个优势，就是人们可以近距离欣赏每一朵花，近距离闻到它们的芳香。

藤本英国月季的生长因品种而异，他们中有些品种攀爬到屋顶的高度也毫无问题，另一些则要矮一些。那些较矮的品种一般也能生长到大多数人所需要的高度，想要更高则需要在修剪上下功夫。

也有一些英国月季只适合作为藤本植物培育，如克莱尔奥斯汀（Claire Austin）、马文山（Malvern Hills）、莫蒂默赛克勒、雪雁（Snow Goose）和慷慨的园丁等。这些月季可以攀爬在灌木丛或老树的树枝上，但生长形态过于松散，不适合栽培为灌木形态。各种各样的藤本月季在我们的花园中起着重要的作用，很难想象没有藤本月季的花园，这其中英国月季又是最美丽的。在使用英国藤本或灌木月季时，有无限的创新空间。如果你想软化花园里原本过于硬朗的结构，或者你想制造一种充满野趣的"生长"效果，那真的没有更好的选择了。

对页： 在所有的藤本月季中，康斯坦斯普赖是最为漂亮及引人注目的一种，可惜的是，它只能单季开花。

墙壁和建筑物

藤本英国月季可以依附在各种建筑结构上生长，尤其是房屋和建筑物的墙壁。最重要的是，当月季生长在我们居住的地方时，看起来是最漂亮的。这是因为，建筑的形式与英国月季自然的植株型态、柔和的花色相得益彰。墙壁有助于月季攀爬得更高，对于那些相对较矮的藤本／灌木月季来说特别有利。

无论是朝南、朝东或朝西的墙壁，藤本英国月季都有着良好的长势，令人惊讶的是，甚至在朝北的墙壁，它们也能长得非常好。虽说如此，我们还是要特别注意，月季不能被树木遮蔽。

关于适合攀墙生长的月季品种，我没有太多的建议，因为几乎所有的藤本英国月季在这方面都表现极好。

花柱

在花园里，花柱非常有用，可以成为视觉的焦点。藤本英国月季应该是最适合蟠扎花柱的月季，它们有着复花性，并且生长的高度可控。花柱可以用木材、砖或石头建造，或者你也可以购买此类结构的物件，如木结构或者是由金属交织而成的网格状的柱子，直径通常在45~60厘米之间，高大约2.4米。

如果你想让花境有一定高度，你可以考虑沿着花境立一些柱子，让藤本英国月季攀在上面。从地面开始，柱子的高度约为2.4米。每根柱子种两株月季，以确保有足够的枝叶可以攀满柱子。月季的枝条有时会下垂，给人一种赏心悦目的视觉效果。

柱子或是花柱还有很多其他的用处，与我在第66—67页介绍的树状月季的用处差别不大。

格子架、栅栏和乡村原木花架

　　攀爬在格子架、栅栏和原木花架上的英国月季常被用来分隔花园，或营造私密空间。几乎所有的藤本英国月季都非常适合，但最好是选择长得较高的品种。格子架的一个优点就是不需要捆扎，只要将嫩枝简单地在格架之间交叉穿过就可以。

　　栅栏与格子架相差不大，只是看起来更简单一点，却是藤本月季攀爬的理想结构，特别是那些长得不太高的、可灌可藤的英国月季非常适合，当然较高的品种也行。在栅栏上修剪和扎绑枝条时，要让枝条适当保持在一定的高度。可以引导枝条沿着栅栏整齐攀附，也可以让它相对自由地生长，或者让枝条从栅栏上随意下垂，起到自由奔放的野趣效果。

　　而乡村风格的原木花架，只有最强壮的藤本英国月季才适合；如果架子非常高，那么最好选择别的生长强劲的藤本或者是蔓生月季。

对页上：欢笑格鲁吉亚灌木形态极好，作为藤本也一样优秀，特别是攀墙生长。

对页下：德伯家的苔丝。在现有的英国月季中，表现优良的红色藤本很少，但这是一个很不错的红色花小藤本。

下图：格雷厄姆托马斯是最受欢迎的英国月季之一，作为藤本月季，它的表现更好。注意看它的花朵，多么优美啊。

花园中的藤本英国月季

拱门与亭架

只要摆放不要太刻意，有时拱门会对花园有很大的用处，比如我们把拱门放在花园的两个区块之间就很好，将拱门沿着一条小径间隔布置，人们走在拱门下面，看到拱门上挂满了芳香的花朵，真是一件令人愉快的事。

攀附拱门的植物比我们想的要更高一点，记住，它们不仅要爬上拱门，还要跨越拱门，这段距离还是很长的。适合的品种包括什罗普郡少年、马文山和慷慨的园丁。

设计精美的亭架是花园里的一大特色，可惜的是，我们目前拥有的大多数英国月季并不真正适合在亭架上面生长。对于任何月季来说，要爬这么长的距离，还需要在整个夏天开花，是有点困难的。只有蔓生月季才有足够的能量，可是，这些花又只能开一季。

攀爬的英国月季

在花园里，几乎没有比一株活力四射的蔓生月季更美的了，比如菲利普斯（*Rosa filipes* 'Kiftsgate'）或保罗的喜马拉雅麝香（Paul's Himalayan Musk），它们甚至可以靠着树来栽种，并顺着树干攀爬上去，到了花季，连绵的花枝带花朵垂下。藤本英国月季也可以这样种植，只不过它们长得没有这么高，我们可以把它们种植在灌木丛下，并攀附在灌木上。许多灌木的花期在春季，过了这个季节之后就会显得有些乏味。如果你允许月季在灌木丛中攀爬，那么它们整个夏天都会开花。当然，月季不该遮蔽灌木，灌木也不应该越过月季生长，在这种情况下，选择生长能力差不多的搭档就显得至关重要。

通过引导英国月季在树篱上攀爬，也可以产生类似的效果。你可能不希望大面积地这样做，但在某些情况下，这是可以提供令人满意的效果的。一般没有必要过于控制月季，最好是让它们自由生长，只需要偶尔修剪掉一些分杈的枝条，让它们沿着一个合适的方向攀爬就可以。

上图： 圣斯威辛是非常优秀的藤本月季，可以长至 2.4 米，若是在温暖的气候区，可以更长。

对页： 马文山具有蔓生月季的所有特征，而且复花性非常好。

9 Rose Gardens
月季花园

很少有人能拥有一个纯粹的英国月季花园，那太过奢侈了。首先没有这么大的地方；就算有，我们也没有足够的时间来维护花园。但对于那些拥有花园和时间的人来说，英国月季花园可真是无尽欢乐的源泉。若是花园足够大，我们也许会考虑把英国月季和古老月季、原种蔷薇、蔓生月季等混种在一起。但是英国月季有着如此丰富多彩的花色和生长形态，完全可以单独种植一个花园，我们确信，在整个夏天，我们将收获无尽的鲜花。

即使是在一个由各种各样的灌木类月季组成的月季园里，有古老月季也有现代月季，如果你的品位倾向于古老月季，那么还是可以围绕英国月季来建造这个花园。对于古老月季，正如我之前所说，它们大多数只在初夏开一次花，有些有着一定的复花性，但缺乏活力且抗病性差，花色也极为有限。

传统的月季园一般是一个正方形或长方形的花坛，以几何图案排列，通常一个花坛种一种月季。这样的设计非常赏心悦目，确实更适合杂种茶香月季和丰花月季，这实际上就是花坛月季。但随着我们重新发现了古老月季以及培育英国月季，甚至引入了现代灌木月季，我

右图：视线越过我们在威尔士的小月季花园，可以看到远处田野的景色。

对页：奥尔布莱顿的维多利亚花园（Victorian Garden），坐落在旧农舍的一侧。

们可以也必须以更加富有想象力的方案来设计花园。

种植英国月季的花园需要一个与我们已经熟悉的花园截然不同的设计。这里，我想对月季花园的设计提出大致的建议，然后根据我自己在威尔士的家中创建的小花园，以及我们曾建造的一组花园的经验，来开拓设计思路。当然，不同的人会有不同的想法，园艺师们也可以有很大的空间去创造各种新的设计。

设计原则

英国月季并不是一种标准化的产品：它是一种灌木，不同的品种在开花、生长、枝叶疏密和植株型态上都有着很大的差异。因此，规整、平坦的月季花坛不是设计的方向，我们要考虑的是一个由各种大小的月季交错生长的花境所组成的花园，这样才会产生大量不同高度的盛开的花朵。有些英国月季灌丛茂密、细枝繁茂。有些枝条伸展，探出长长的弧线，呈优雅的拱形。英国月季的植株有高也有矮，有些株型横向，有些直立。这些月季可以在花园里扮演许多不同的角色，需要的是完全不同的设计。

虽然英国月季花园或是其他灌木月季花园，不会由规整的小花坛组成，但是它们整体的特征最好有一定的规整性，同时又能呈现出亲切的效果。我建议设计一个花境交错的布局，这些花境的宽度多少都行，但最好是在1.8~2.4米之间，因为英国月季是一种适合与人亲近的花朵，所以也需要一个可以亲近月季的环境，将月季之美的最佳效果展示出来。我们希望在花园里既能欣赏每一朵花，也能欣赏花园整体的风貌。英国月季带给我们最大的享受之一就是它丰富的香味。如前所述，大多数月季的香味在空气中很难散发，必须靠近了才能闻到，我们想要单独享用每一种月季的花香，在花园的设计上就需要考虑到这一点，让我们可以近距离接触月季，也就是说花境的设计最好是相对狭窄一些。

英国月季非常健壮，生长容易失控，有些品种甚至会蔓生。如果你希望你的月季花园规整一些，那么在设计花园时就需要遵循一定规则。我建议将花境或月季花坛用植物或硬一些的材料分隔开来，这样月季花就能在其中肆意生长。我们可以选择黄杨、紫杉、薰衣草或其他适合修剪的植物作为边界，黄杨和紫杉特别理想，能够起到我们所需的整洁效果，它们的优点是，可以被修剪到任何你想要的高度，并能在保持形状的前提下蓬勃生长。或者，你也可以用砖、石头或其他硬质材料来做区隔。这里需要做一个明确的声明，正是规整的形式和自然的生长形成的对比，才能有如此令人愉悦的效果。

下图：蒙哥马利郡怀特霍普顿的一个小小的英式月季园，由老大卫·奥斯汀设计。

无论月季花园大小，我们通常还是希望能用某种方式将它围起来，创造一个最适合英国月季的私密环境。以墙围合有一个好处是，你可以在上面种植藤本月季，但建造成本很高。也可以使用格架或一些乡村风格的原木花架，作为藤本月季的支撑。月季花园也可以用篱笆围起来，还是可以用紫杉，它应该是最适合的，因为它可以被重剪，为花园修剪出一个整洁的轮廓。另外，紫杉还是一个很好的暗色背景，能将月季的完美形态衬托出来。注意，你需要采取一些预防措施，防止任何有竞争性的植物的根系侵入月季的生长空间，因为这将使土壤变得贫瘠（见种植英国月季，第307页）。

小型月季花园

虽然许多花园都很小，需要占据整个面积才有可能建造一个月季园。但是还有更多的花园，无论处在房屋的前面还是后面，都有足够大的空间，可以建造一个具有宝石般品质的英国月季小花园。如果后花园有足够的长度，那么在规划设计时可以把它分成两部分：一个常规花园和一个月季花园，这样你可以感受到穿过一个花园到另一个花园的新鲜体验。

我们在威尔士有一个小月季园，就在屋子的前面。这是一个大

月季花园

约深9米，宽15米的花园，有一条小路通往房屋的前门，并将花园分为两半。每一半花园的中心都有一个小雕像，雕像周围是一圈花坛，花坛之外各环绕着一条圆形的小径，小径之外又有花境，依势也是圆形的。这样一看，小路夹在花坛和花境之中，若从路的两端走进中间去，整个人就会被包围在月季的海洋之中。整个花园被一堵矮小的砖墙包围，墙上爬满了英国藤本月季。墙外是田野，把花园衬托得很好。在建筑区，你可以选择用格子架、树篱或更高的墙把花园围起来。我们花园的小径用了红色和黑色的砖，按一定的样式排列，边缘种了低矮的树篱。这样的花园与种满杂种茶香月季的花坛大不相同，英国月季因其灌木状生长，而有着绿波激滟的视觉效果，与传统月季花园完全不同。

像我们这样的月季园在很多地方都能建造，除非空间实在太小。它也可以成为一个大花园里非常讨人喜欢的一部分。如果月季以每种三株一组来种植，那么就需要有足够的空间才能收集大量的英国月季。整个夏天总会有一些月季盛开，一年中至少有两个时期的花园会被鲜花淹没。至于春天的花，你可以在月季下面种植一些矮生的鳞茎，如雪花莲、番红花、水仙等等，尽管这需要施有机肥料，而不是简单用泥土覆盖就能了事，你的工作量也会因此增加，但这些工作是值得的，由此打造的花园会是你在接下来的很多年里的快乐源泉。

双花境花园

以一条小径分隔出两个花境，这是最简单也是效果非常好的花园形式。它特别适用于狭长的区域，比如许多郊区住宅后面的区域，每个住宅都有自己的狭长地带，都可以用这种方式创造出非常漂亮的花园。这类花园的小径两侧种满了月季，花朵竞相开放，从路的两端也都能看到美丽的景色。花境之间的道路可以设计得很宽，比如和花境一样宽，也可以介于两者之间，当然很窄也是可以的，但若是如此，我们就必须在茂盛的月季之间蜿蜒前行。小径可以是草坪，也可以是石头、砖头或砾石铺就。若是小径狭窄，我建议使用坚硬一些的材料，这样就可以因为经常踩踏而控制杂草的生长。若是较宽，就不用考虑这样的问题，路面上有杂草生长也颇有野趣。

花境可以用树篱、篱笆、格架等作为背景，砖墙或石墙也是很好的选择。格架和墙壁的优点是，它们可以为藤本英国月季提供一个生长区域。背景墙可以在路的末端向内收，留下一个狭窄的入口，创造

出一个封闭的月季园。

　　当然，你也可以选择完全不使用背景墙，这样的花境就成为了一个长长的岛式花坛，我们可以从各个角度欣赏它，甚至视线可以越过花园。最后的点睛之笔可能是在路的尽头摆放一尊雕像或其他一些引人注目的东西，给花园创造一个视线的焦点。或者，也可以在两端各放置一扇木门或铁门。总之，在某种程度上，你的选择将取决于月季园是以何种方式融入整个花园的。如果一条月季小径可以引导人们走向另一个花园，那就更好了，这样的设计就有了一定的逻辑。

奥尔布莱顿的花园

　　若是有足够大的空间，那么就可以设计成各种不同风格的月季花园。至于这些花园究竟应该采取什么形式，没有必要也不需要去制定什么规则，但如果我借助照片和平面图，描述一下我们在奥尔布莱顿的苗圃里建造的各种花园，也许会对你有所帮助。当然，我并不建议完全复制它们，但有可能会启发园丁们创建自己的花园，即使他们所规划的花园没有这样么大的规模。

　　我们总共有四个花园，占地 0.8 公顷，外加一个小型的月季品种

上图： 从奥尔布莱顿的长花园（Long Garden）中望去，古老月季和英国月季混种在一起。三个由已故的帕特·奥斯汀（Pat Austin）所做的人物雕塑，构成了一个极好的视觉焦点。

月季花园

园。每一个花园都非常完整，花园的四周是一道针叶树篱笆。除了品种园外，所有的花园都有一个规整的布局。当然，英国月季会自由生长，它们的整体特色恰恰是毫不规整。

长花园

长花园是我们这组花园中最大的一个，长约 85 米，宽约 25 米。与其说它是一个双花境的花园，不如说它是三个双花境的花园，每一对并排排列。在中央步行道的尽头，三个女孩跳舞的雕塑是视觉的焦点。中央步行道两边的花境宽 1.8 米。每边又有两个双花境。路径每隔一段距离交叉，连接三组花境，提供更进一步的赏园视线。

这座长花园的中心小路是砖砌的，而外面两条花境之间的小径是由草皮铺就。其实所有这些小径也可以用砾石或其他坚硬的景观材料来砌成，若是用石头来砌，还是挺讨人喜欢的。我们选择用紫杉树篱作为花境的边缘，将其修剪到大约 30 厘米高。将紫杉修剪成很矮的树篱确实是不太常见，但紫杉的确是很好的植物，可以修剪成各种形状和大小（例如，它常被修剪成整齐的形状）。我们认为即使把紫杉修剪得很矮，它也可以有良好的表现，结果证明，紫杉非常适合种植在花园的边界。随着时间的推移，紫杉有着扩大的趋势，但以我种植紫杉的经验来看，我非常确信，如果有必要，可以重新修剪紫杉，它还是可以像以前一样，恢复成绿色。

这三个双花境是由攀爬在乡村原木花架上的藤本和蔓生月季分隔开来的。在横木下方和立柱之间有一个高度约为 1 米的紫杉树篱。其结果是形成了一系列的"窗户"，通过这些"窗户"我们可以瞥见花园

右图：乡村风格的拱门，在长花园的一侧人行道上摆放着英国月季和其他月季品种。

奥尔布莱顿的花园

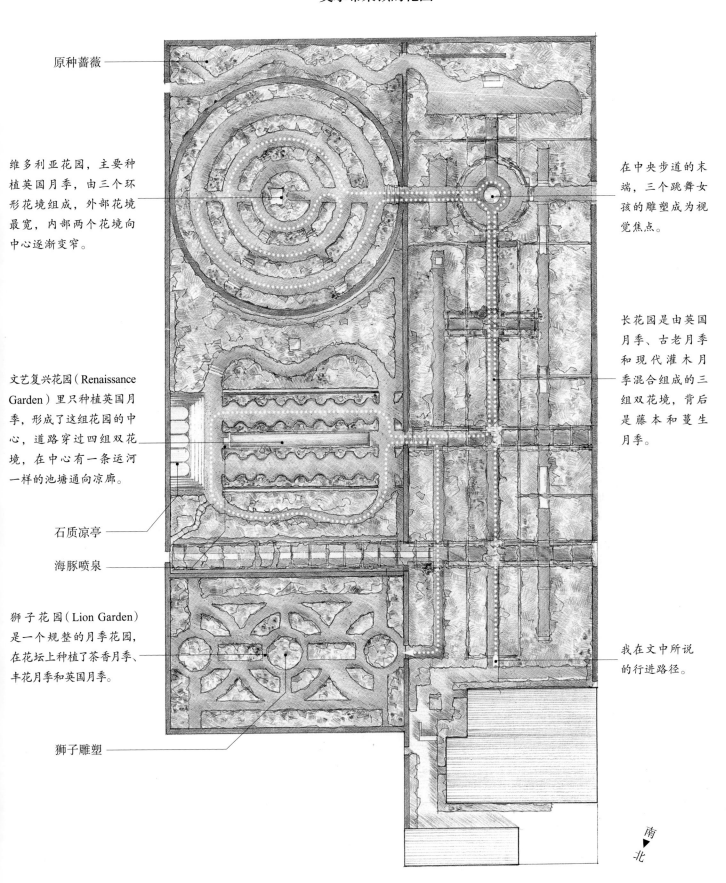

原种蔷薇

维多利亚花园，主要种植英国月季，由三个环形花境组成，外部花境最宽，内部两个花境向中心逐渐变窄。

文艺复兴花园（Renaissance Garden）里只种植英国月季，形成了这组花园的中心，道路穿过四组双花境，在中心有一条运河一样的池塘通向凉廊。

石质凉亭

海豚喷泉

狮子花园（Lion Garden）是一个规整的月季花园，在花坛上种植了茶香月季、丰花月季和英国月季。

狮子雕塑

在中央步道的末端，三个跳舞女孩的雕塑成为视觉焦点。

长花园是由英国月季、古老月季和现代灌木月季混合组成的三组双花境，背后是藤本和蔓生月季。

我在文中所说的行进路径。

南

北

月季花园

对页：奥尔布莱顿的文艺复兴花园，从庙宇式的凉廊可以看到两边令人愉悦的景色。

下图：维多利亚花园（见第83页）中修剪整齐的黄杨树篱和中间的石像。

的其他部分。在整体布局上，我们也会间或布局更多的乡村原木花架，这有助于打破花园的过分规整，增加一些趣味性。这些布置在小路上的原木拱门，还给了我们更多的机会来种植藤本月季。这个花园从不缺少情趣和变化，有着很多私密的角落种植着一组一组的月季。

长花园作为一个整体，作用就像是一座房子的大厅一样，从长花园通往其他花园的每一条小径，都以不同的方式展示着英国月季。

维多利亚花园

如果我们穿过长花园，在尽头向左拐，就可以看到维多利亚花园的景色。它由三个同心花境组成，外部花境最宽，内部两个花境向中心逐渐变窄。每个花境都有六个交叉点，它们像轮子的辐条一样通向中心。在"中心"有一个女人手持月季花束的石雕像。从中心向外望去，每条小径都可以看到花园周边的雕塑，其中四条小径上的雕塑表现的是一年四季，第五条小径上的雕塑雕刻的是位名为"绿人"的神话人物，第六条小径则通向长花园。维多利亚花园的每一环雕刻上都有一个拱门或凉亭，上面缠绕着英国藤本月季。花园四周有着针叶树篱笆。我们在多个角度都能看到花园里的各种景色，月季几乎都在触手可及的距离内，可以轻松观赏。这个花园本身在规则上与我所说的

传统月季园没有什么不同，也就是说，这是一个典型的长方形花坛的现代月季园。然而，整体效果却大相径庭，这主要是因为英国月季的高度变化、生长特征以及种植的连续性带来的视觉效果。

文艺复兴花园

我们回到长花园，顺着我们的脚步右转，然后再右转，就能看到这个花园，我们叫它文艺复兴花园，好像有点自命不凡。这是奥尔布莱顿整个花园群的中心。像长花园一样，它被分为三个部分。当我们进入时，在我们正前方的是一条长长的像运河一样的水池，宽约1.5米，两边有宽阔的石砌水岸，石岸两边种植了英国月季。月季的枝条和花朵常常会靠到石岸上，偶尔有花朵倒影在水中。在水池的尽头有一个海豚喷水的雕像，再远处是一座

石质凉廊，类似庙宇式的避暑别墅，从那里可以欣赏到水池的景色和
花园的其他风景。

　　池塘两侧的月季后面是两条宽阔的草地小径，路两边的月季花境
狭长，内部边缘蜿蜒似蛇形，以低矮的黄杨树篱为边界。这两条小径
提供了从凉廊向外延伸到雕像的两个远景。蛇形蜿蜒形成的每一圈里
都种有一种英国月季，它们在这里呈现出最佳的效果，为那些想为自
己的花园选择月季的参观者提供了一个理想的参考机会。我们只使用
较小的品种，所有这些月季都经过重度修剪，以便它们能适应有限的
空间。

　　蛇形的花境后面是低矮的紫杉树篱，从文艺复兴花园宽阔的草
地小径上，我们可以瞥见另一边的月季。当我们在路的尽头向左或向
右拐，进一步探索花园时，会看到一种完全不同的种植英国月季的方
式。在这里，我们把月季挤成一大片，有一条弯弯曲曲的小草路穿
过；走在这条小径上，有一种在摇曳的玉米地里散步的感觉。英国月

月季花园

季，由于其自然的生长形态，特别适合这种大规模种植。它的整体效果让人感到惊喜，同时提供了人与月季亲密接触的机会。令人惊讶的是，英国月季在这种条件下生长得非常好。它们似乎也能习惯彼此之间的竞争，而且这种竞争导致了植株生长得更为高大，使得整个区域五彩缤纷。在诺森伯兰（Northumberland）的安尼克城堡（Alnwick Castle）的月季花园里，这种集中种植的方式也已经颇见成效。

狮子花园

在这本书的前一个版本中，我描述了狮子花园是如何用传统的规整式的花坛来展示英国月季、杂种茶香月季和丰花月季的。不幸的是，公众对它几乎没有兴趣，所以我决定将这块区域设计成英国月季和耐寒多年生植物的混合花园。现在确定这一切的具体结果还为时过早。然而，混合花园不仅展示了各种月季柔和丰富的花色，英国月季自然生长的特色，甚至还展示了英国月季与耐寒植物结合种植的方法，等等。

上图：文艺复兴时期花园中的运河式水池，实际上这条河比这张照片所显示的要长。凉廊的经典拱门似乎非常适合这个花园。

基本上，花园由四条平行的长边组成，中间有三条宽阔的草地小道。在中心走道的尽头，我们放置了我妻子的狮子雕塑，作为整个花园的焦点。因此我们有三个远景。中央步行道上有一排树状英国月季，我们可以称之为"大道"。英国月季形成了高大的树状，这给了我们一个机会来展示它们的最佳效果。

在两个外部花境，我们种植了能修剪成金字塔形的紫杉。这些有助于丰富花园的内部层次，少了它们就没有这样的效果。围墙上布满了藤本英国月季，以及其他一些枝条柔软的藤本，像美丽的木香花（Banksiae Roses），这类藤本植物需要温暖的墙壁来保护。在墙的外面，我们放置了生命力非常强的蔓生月季，它们会攀附在墙上生长，并挂在花园的另一边。

大型月季花园

像我这样一生大部分时间都与月季相伴的人，看到了我们今天有了这么多大型公共月季花园，真是感到非常欣慰。有些月季花园，如巴黎附近的哈勒斯月季花园（La Roseraie de l'Ha-les-Roses）、英国圣奥尔本斯（St Albans）的月季园和德国桑格豪森（Sangerhausen）的月季园很早就有了，而近年来，世界上许多国家都建设了新的大型月季花园。不仅如此，还有不少私人住宅打造了极为漂亮的月季花园，有些也向公共开放。有这样的花园是对月季的极大赞美，并充分证明了一件事，月季花之美、月季花园之美的价值。这也证实了月季在我们心中的特殊地位，当然这其实并不需要证明。

一个月季花园无论多大，英国月季都能在其中扮演非常重要的角色。事实上，如果我们愿意的话，任何大小的月季园都可以由英国月季单独组成，这并没有什么难处，甚至能保证月季种类繁多，花开不断，持续展示月季之美。然而，在一个规模庞大的花园里，单独使用英国月季就不免涉及大量品种重复种植，或单一品种就占了巨大面积。月季的家族如此庞大，种类如此繁多，我认为把它局限于任何一种月季都是一种遗憾，就好像在一个大花园里仅仅种植杂种茶香月季和丰花月季，也同样是错误的。

如果我们细想一下整个月季家族，我们一定会因月季的多样性而感到震撼。先是有这么多优良的品种，有外表迷人、气味芳香的古老月季和英国月季，还有一系列的现代灌木，更不用说杂种茶香月季和丰花月季了。除此之外，我们还必须加上许多藤本和蔓生的月季。

如果我们暂时把杂种茶香月季和丰花月季抛开不谈（因为它们的确会在花园里成片种植），我们会发现这里存在一个问题——这也是事实——大多数最美丽的古老月季，灌木月季和原生蔷薇，都不具有复花性。诚然，一些古老的月季，如中国月季、波旁月季和杂种长春月季，确实有不同程度的持续开花的能力，但它们的复花性通常不是很好，花色也有限。正是由于这些原因，英国月季可以为各种月季混合种植的花园做出宝贵的贡献，与古老月季和灌木月季一起种植，当这些月季的花期不再，英国月季可以给花园带来色彩和趣味，并大大增加花色范围。

一个拥有大量不同品种的大型月季花园，最大的问题就是因为太大而使得人与月季有距离感，不是一个可以亲近花朵的理想环境。因此，我建议像我们在奥尔布莱顿所做的那样，把大面积的花园分成若干个用树篱或花墙隔开的空间，这就提供了从一个花园走到下一个花园的有趣体验，每个花园都有不同的定位。这些空间可能包括本章中描述的各种类型和风格的花园，甚至有一点我也毫不怀疑，那就是将会有更多新的设计涌现。

除了为我们提供机会创造许多不同风格的花园，大型的月季园使我们能够展示所有流传下来的不同类别的月季。除杂种茶香月季和丰花月季以外，所有的月季都能和谐地混种在一起。我不建议把各种各样的月季分类种在各自的花园里，甚至按照它们的历史顺序来排列，尽管这也很有趣，但这意味着有些花园在夏天的大部分时间里都无法欣赏到优美的月季花朵。

对页： 狮子花园的夜景，前景是索菲的玫瑰，通过重度修剪，英国月季也可以种在花坛上，达到令人满意的效果。这尊狮子雕像是已故的帕特·奥斯汀所作。

月季花园

10

English Roses in the House
作为切花的英国月季

英国月季不仅是非常好的花园植物，更是最好的室内用切花之一。与杂种茶香月季相比，它们的生长形态没有那么僵硬，在瓶插时带有几分优雅。英国月季绽放的花朵有各种不同的形状：单瓣、半重瓣、莲座型、杯状花、簇状花，多种花材选择给插花带来了更多的可能性，与之相比，杂种茶香月季的花型就略显雷同了。事实上，英国月季的花朵在颜色和质地上比杂种茶香月季更柔和，很适合与其他花卉搭配。花瓣之间的光影变幻在室内的呈现效果比花园还要好。再加上它们还拥有丰富的花香，的确是理想的切花植物。伦敦花艺行业的领军人物夏恩·康诺利（Shane Connolly）曾经对我说，如果他随手能拿到英国月季，那么他根本不想用其他花材。

插花用切枝

月季剪枝的最佳时间是在早晨太阳还没完全出来之前。此时花枝水分充足，因此切花的寿命相对更长。剪枝时，花朵状态也是重要的选取标准，花朵既不能开得太大也不能过于含苞，需要差不多半开半含的状态，当然这也取决于品种。如果剪枝时花朵过于闭合，这朵花可能会一直打不开，无法盛放。如果剪枝时花朵已经盛放，那么花瓣很快就会凋谢，当然，这也取决于品种。不过，稍有一点经验还是容易判断的，有一个折中的办法。

即在切花时，最好在附近放一个水桶或其他盛水的容器，花枝一剪下来就立即放入水中。实验证明，月季的茎几乎一被剪下来就开始长出愈伤组织，这使得月季很难甚至无法再吸收水分。为了避免这种情况发生，有些人会把剪刀探到容器里，在水里再把茎剪去一小截。如果你的切花茎较粗，它们的持水性会更好一些，花的寿命也更长。遗憾的是，较粗的花茎，花朵往往显得比较僵硬，看上去就不太优雅，这就要看我们如何选择了。一般情况下，花茎越短，花开持续时

对页：一个经典花壶中的英国月季。

下图：英国月季哈洛卡尔、银禧庆典和福斯塔夫插放在一个浅花盆之中，营造出了迷人的古老月季风格。

对页上：一组浪漫的英国月季瓶插。

对页下：由月季、卷丹（Tiger Lilies）、欧洲百合白花变种（Lilium martagon var. Album）、醉鱼草（Buddleia）、全缘铁线莲（Clematis Integrifolia）、香猪殃殃（Sweet Woodruff）组成的漂亮的插花。

间的也越长，因为水分的输送距离相对更短。不过，短枝用起来就比较受限，可能无法完全满足插花时的长度需求。

在水里加入一些切花护理液，可以帮你延长月季的寿命。护理液可以减缓花茎的腐烂速度，花茎一旦腐烂，就会限制水分输送到花朵。即便用了护理液，过一段时间，茎的末端还是会不可避免地逐渐腐烂，阻碍花茎吸水。对此，我们有个处理方法：在水里浸泡几天后，把茎的末端再切掉一些，保持切口新鲜。

英国月季的插花

在你开始剪枝之前，要有一个大致的思路，你打算做一个怎样的月季插花，这样你才能剪取合适的花枝。方法很多，简单的方法就是用花盆来插花，或就插一朵盛开的花在盆里。对于我们这些月季迷来说，这是细细欣赏每一朵月季花的绝佳方式。我经常从我们的苗圃采一些花回来，一朵插一个小花瓶，这样我就能更全面地了解它们。如

果你也有一些看上去还不错，大小不同、形态各异的花瓶、花盆，你可以把它们放在桌子上或某个地方，移动调整，形成一个漂亮的组合。

另一个简单的方法是切枝的时候只留很短的茎，然后让它们漂浮在一个浅盘或浅盆里，有着类似睡莲的效果。要避免这些花朵下沉，可以在花朵下面铺些叶子作为支撑，还可以起到背景的衬托作用。或者，你可以用稍有起伏的铁丝网，把花茎穿过网格固定。

对于更为大型的花艺布置，可能需要非常多的效果。所选择的花器对插花有着相当大的影响，把月季放在一个又高又窄的花瓶里比放在一个浅盆里相对容易些，比如你挑选一束风格热烈的月季，随手把它们"丢进"花瓶里，就能得到一个不错的基础插花。花枝可以随意摆放，但尽量让每一朵花都展现出自己的风格，并加强与其他花的搭配，不停调整，直到出现令人满意的画面。

插一大盆月季花需要很多技巧，如果是餐桌上的花盆摆放，最好是选用宽而浅的盆，避免把坐在对面的人挡住。使用一些支撑花束的材料有助于把花朵的位置固定，这些可以从花店买到，有许多不同的材料和设计，大部分都比较有用。若是能自己动手做些各种各样的设计就更好了。或者，你可以使用易弯折的铁丝网，拗出坡度，然后将花一朵朵嵌入铁丝网格中。花茎要长，够得到水，以保证花朵不会干枯。在设计上要避免形成过于直立的外观，宽阔一些，让月季可以优雅地舒展，花朵在一定程度上微微下垂。大多数英国月季有着自然的优雅，尽量利用好这一点。

目前有一种流行的做法是将月季花朵放置在一个盆中，聚集在一起，中间不留空也不放叶子。这种插花的效果的确很赏心悦目，但

最初的英国月季花色大多柔和，
这是它的典型特色。之后，我们
逐渐培育了具有暖色调的花朵。
在右页图中，我们可以看出这些
色彩令人感到兴奋的花艺作品，
使用了帕特奥斯汀、玛格丽特王
妃以及一些来自花店的切花。

是花朵的个体之美会被淹没。对于餐桌上的插花摆放来说，这是一个简单的方法，但总的来说，我不是特别喜欢这样的插花方式。我不能自诩月季是最容易搭配的插花花材。插花花材都有自己的风格，你要顺着它们的特点，而不是完全按照自己的想法来插花。当然大部分花枝可以按照你的意愿进行插花，但需要时间和不停地调试找到优美的花枝形态来完成作品。插花不要太僵硬规整，不应该一边花束聚集，另一边空空如也。应该顺势展示月季的自然之美。较为轻盈的花朵可以用来平衡，并且成束组合以显得插花更为丰满也更有分量，从而形成一个作品。

精心选择各种各样的英国月季，包括古典杂种月季、利安德系月季、英国麝香月季和杂种阿尔巴月季，可以为插花增添趣味性和多样性。作为在花境上栽植的一些簇状花品种，如布莱斯之魂、斯卡布罗集市和弗朗辛奥斯汀，以及半重瓣的月季，如马丽奈特、药剂师（The Herbalist）、银莲花月季和温德拉什等，有助于平衡典型的花朵较沉的英国月季。

当然，也没有必要仅仅局限于英国月季。在花季时，古老月季与英国月季的混合搭配也是非常和谐的，它们有着非常相似的性质。还有很多其他的月季，比如蔓生月季、地被月季和一些杂种麝香月季，也可以很好同英国月季相搭配。这些花不应该用得太多，但在英国月季之间点缀一下，就会使插花显得更加美丽。杂种茶香月季很漂亮，而且我觉得应该有它们的一席之地，但是它们与英国月季很难混合搭配。它们是另一种形式的美，线条硬朗，颜色一般都比较浓烈，这意味着它们可能最适合独成一束，当然毫无疑问也会有很多例外。这就同培养月季或者从事园艺一样，我们只有通过实验才能找到答案。

英国月季尤其适用于草本和灌木类花卉的混合插花。我不想在这里再提什么建议，因为这种搭配无穷无尽。即使一组插花中只放置两三朵英国月季，也可以大大提升这组插花的视觉效果，特别是一些大花品种尤其有效。

上图：一盆愉人的白月季，这里用了温彻斯特大教堂、弗朗辛奥斯汀和一簇黑莓果。

对页：英国月季最有吸引力的样子就是阳光从花朵的后面透过层层花瓣照射进来。这束插花用的是黄金庆典、布莱斯之魂和乌头与薰衣草。

作为切花的英国月季

插花的颜色组合与花园里种植的方式很相似。有一点特别好，是我们种植花境的时候做不到的，那就是我们可以一边剪枝，一边对比着调整如何摆放才是最合适的。宽泛一点来讲，就像在花园里一样，是一个冷暖色调的问题。暖色是那些暗示着火焰的亮红色、橙色和黄色。冷色包括粉红色、淡紫色和紫罗兰色。如果我们把冷色放在一起，就能达到一定的和谐，暖色也是如此。如果希望创造某种对比，比如说，在一盆冷色调的月季里加上一朵黄色的花，当然这种做法要谨慎。

如果你把各种各样的英国月季都摆在一张桌子上，你会惊讶地发现，花色之间可以互相衬托，使得两者的视觉效果都能增强。尤为重要的是，要按照你自己喜欢的方式去做，这也是唯一的方法。总的来说，英国月季很容易互相协调，很少出错。

在结束这一章之前，我不能不提新的英国切花月季，它们可以从精选的优质花店那里买到。第298—299页介绍了这些月季，并列举

上图：由欢笑格鲁吉亚和抹大拉的玛丽亚组成的一束自然形态的插花。

对页上：威廉莎士比亚2000、麦金塔和柳兰、马玉兰。

对页下：一浅盆英国切花月季（English Cut-flower Roses）。

了其中六种。我们这些在花园里
种植了英国月季的人只在冬天才
需要这类月季。在寒冷、黑暗的
月份，还能在家里一眼瞥到夏天
的景色，真是非常美好的享受，
在这个时节，月季比平日更受
欢迎。

在我看来，那些商用切花月
季实在是太僵硬了，毫不鲜活。
有人可能会说，商用切花月季就
是从一个模子里种出来的，除了
颜色之外，缺少变化。随着时间
的推移，我们希望能将一些有着
自然之美的英国花园月季培育为
切花月季。

105

PART TWO

第二部分

A GALLERY OF ENGLISH ROSES

英国月季图鉴

在这个章节里用图文介绍的，是迄今为止我们培育的英国月季当中，我们自认为最好的一些品种。早期有一些月季被替换下来，是因为出现了花朵更美、长势更佳的品种，更重要的是新品种有了更好的抗病性以及生长活力。每年，我们都会推出一些新品种。我们希望，在未来的几年里，能继续提升英国月季的美感，拓展更多的可能性，也希望本书将来的新版可以将这些新月季列入其中。

随图为每种月季所配的简短说明，我力求诚实。这些月季对我来说就像是我的孩子，所以你可能会认为要我保持客观不那么容易。但是，没有人能像培育者那样清楚地看到它们的缺点，请相信我给出的说明不会有失偏颇。这里我要提醒读者一点，不要仅仅因为我指出了某种月季这样那样的缺点，你就拒绝它。跟人一样，每一种月季都有它的优缺点，你要在权衡你的花园和你的喜好之后，再做决定。有时候，我的描述也可能与图片不完全吻合，要记住一点，月季作为植物不是一成不变的，它会随着季节而变化。比如说，在初夏和夏末，它们的表现就很不一样，还有天气、土壤、气候等都会对其有影响。

完美的月季是没有的，我们在面对月季的不同性状时，自己会取舍难定。实际上，月季自身的优缺点也可能会有冲突，例如，薄薄的花瓣会让花朵呈现出特别的美感，但问题是，太薄的花瓣会因空气潮湿或烈日暴晒而受损。所以很多时候，我们必须在某些性状上取得平衡。

月季的花香尤其难以捉摸：它由大量化学物质组成。在一定的情况下可能无法闻到某些花香，比如太热或太冷，都会令花朵难以有最佳表现。有时候一天下来，月季的花朵就失去了香味，因为花香已经散发得差不多了。也就是说，你不可能闻一下花朵，就能得出一个客观地评估。要知道，我们在同一个时间闻同一株植株上的三朵不同的花，都有可能闻到三种不同的香味。

每一种月季确实有它的不确定性，它们开放的花朵，从平均水平到绝对完美都有可能。你永远没办法预知自己会得到什么样的花，但也因此，当你真的找到那株所谓的"完美"月季的时候，你会有意外之喜。

有人说，当你想要为你的花园选择月季时，最好是先看一下月季的整体生长情况，当然是这样，问题是你一下子看不到它的全部，也很可能会碰巧错过它最美的一面。比如你去苗圃或花园中心选花，路过你本来希望拥有的月季，但是那天它刚好没有开花，你就错过了。所以在选择之前，翻阅一下类似你手头的这本书或一些不错的目录册，就显得很有必要。

尺寸：关于植株的生长状况以及我们期望植株达到的尺寸，这与我们的种植和修剪方式有很大的关系。可以修剪得相对多一些，以获得精致的小型植株；或者轻微修剪，以保持植株较大的尺寸。若是种植在比不列颠群岛的气候更温暖的地方，那么月季生长得肯定会更大一些。

关于藤本英国月季我需要做些解释。有些英国月季很难界定是藤本还是灌木，这两个角色都能表现得很好。在后面的一些品种介绍中，你还能看到这样的描述，我说这种月季可以很好地生长成灌木或藤本。对于大多数过去接触过藤本或灌木月季，但是从来没有栽种过既是藤本又是灌木月季的人来说，会感到困惑，但这就是英国月季的特征，不是我们妥协的结果。一般来说这样的月季都是特别好的藤本月季，我相信它们是所有藤月中的佼佼者。实际上，有一小章内容名为"藤本月季"，它们首先是藤本，但像所有藤本月季一样，如果需要的话，它们也可以长成宽阔的灌木。

　　多样性和分类：如今，杂种茶香月季和丰花月季在植物育种者手中已变得越来越标准化。曾经的灌丛状月季被培育为花坛植物。尽管不同的品种，花的颜色很不一样，但在所有其他方面，它们都差不多。这真的很不幸，因为几乎英国的每一个花园都种有月季，世界上大多数其他国家的花园也都爱种植月季。但是当我们从一个花园游览到另一个花园时，我们真不想每次看到的都是一样的花。事实上，因为杂种茶香月季和丰花月季的这种"相似性"，已经让一些园丁将所有的月季排除在他们的花园之外。

现在我们通过从新旧不同月季品种的杂交选育，并在最近使用了差异很大的品种来杂交，获得的英国月季扭转了这种均匀性，这些月季性状各异，花朵也有着不同的美感，这一系列的新变化，给我们带来了很多快乐。这个过程还在持续，我们预计未来几年会有更大的变化。因为多样化，所以需要我们做一些分类。

　　我将英国玫瑰分为七个组系。古老杂种月季主要起源自古老月季。利安德系月季包括了一些选育上更接近现代月季的那些品种。英国麝香月季是英国月季和一些与麝香月季有关的月季杂交的结果。英国阿尔巴杂种月季是阿尔巴白蔷薇与英国月季杂交而成的。其他英国月季则是很小的一个组系，这些月季与上述四组都不一样。藤本英国月季则可能与以上任何一组都有关。第七组月季是专门为鲜切花市场繁育的英国切花月季。

　　还需要强调一下，这几个组系的月季特征也绝非一目了然：一个系可能有一些品种与另一个组系的特征重叠。但每个组系的月季都有自己的种类特色，正是这种特征赋予了月季各不相同的美。我相信以这种方式对英国月季进行分类，可以使园丁认识它们的多样性，从而更充分地享受它们的美好。在为花园选择月季时，什么月季适合花园的什么位置，这个分类可以起到一定的帮助作用。每个小组的简介也描述了其总体特征和各自的美。

1

The Old Rose Hybrids
古老杂种月季

古老杂种月季（Old Roses Hybrids）是最早的英国月季，关于它的演变发展，我在上一章的第六节中谈过，它是初夏开花的古老月季与现代的茶香月季和丰花月季杂交的结果，并结合了两者的优点，既有现代月季丰富的花色以及良好的复花性，同时又有古老月季独特的美感和自然、繁茂生长的特性。这一组月季的特征更多地与古老月季接近，仅有少许品种偏现代月季。所有其他组系的月季或多或少是从这一系的月季发展而来。最近，我们还以玫瑰作为亲本杂交，希望这一组的月季能获得更好的抗病能力，同时又能保留古老月季的特征，并使植株更矮壮，枝叶更加茂密，还能进一步提高其复花性。

古老杂种月季的花色从白色到腮红到粉红，再从深粉红色到绯红不等。目前，我们最好的深红色英国月季都可以在这个组中找到。我们近期还推出了黄色品种，亦不失本组月季的基本特色。我们有两个品种，温德拉什和无名的裘德，至少在我看来，它们完全可以归在本组当中。

如同预料的一样，古典杂种月季的花香主要还是保持了古老月季的香气，尽管它通常与茶香月季、没药、铃兰、丁香、杏花等香味混合在一起。它们的香味可以说是非常浓郁。

这些月季的花朵并不华丽，却具有古老月季的朴素魅力。它们通常为莲座花型，内部紧紧包裹着大量精致而半透明的花瓣，散发出令人愉悦的光彩。像古老月季一样，它们柔和、整洁的花朵是最引人注意的特征，因而，仅在外观上，就很容易看出它们与杂种茶香月季和丰花月季的不同。

一般来说，它们的叶子更像现代月季，但是这一组月季的叶子却没有那种透明感，这点与古老月季类似。那些有着玫瑰基因的月季，叶子通常会长一些，小叶也分得更开，而且出乎意料的是，它们反而更像古老月季。

对页：埃格兰泰恩，古老杂种月季的典型品种，与蓝盆花（Scabiosa columbaria subsp. ochroleuca）和鼠尾草（Salvia nemorosa 'Ostfriesland'）搭配种植在一起，完美和谐。

麦金塔（Charles Rennie Mackintosh）

在英国月季中，麦金塔的颜色较为特别，呈现出柔和的丁香色，而且随着气候的变化，这种色调有时候会接近粉色。我们一直希望能培育出更多此类色调的月季，在月季花境或插花中，它们非常适合与其他颜色混搭。麦金塔的花朵很大，杯状花型饱满，花瓣极多，有着古老月季的香味，混合了丁香和杏仁的香味。植株直立，中小型，枝条硬朗多刺，叶子为典型的古老月季的形状。麦金塔勤花，是这些年来我们极为中意的月季。

该品种以英国建筑师、画家、设计师查尔斯·雷尼·麦金塔（Charles Rennie Mackintosh）命名，并与查尔斯·雷尼·麦金塔协会与格拉斯哥市公园和娱乐部联合命名。麦金塔（1868-1928）在他的作品中常常使用的月季图案，与麦金塔月季很像。

植株大小: 100×90 厘米
注册名: AUSREN | 1988 年推出

达西布塞尔 (Darcey Bussell)

培育一款优秀的红色系月季并不容易，达西布塞尔是迄今为止我们觉得表现最好，也是最为抗病的红色月季之一。它的花不算大，多季节持续开花，花朵初开的时候，外花瓣形成一个完美的杯型，逐渐舒展成莲座状。花色深红，花瓣在凋零前带些淡淡的紫色。它有着令人愉悦的水果清香。

这种月季枝条较短，呈灌丛状生长，适合种植在花园边缘或是规整的月季花坛，既能适应盆栽，亦能当作藤本月季来培植，在各方面表现得都极为优异。

这款月季以备受赞誉的芭蕾舞演员达西·布塞尔 (Darcey Bussell) 为名。达西·布塞尔在 20 岁时被任命为英国皇家芭蕾舞团的校长，并曾在世界各地的许多芭蕾舞团中担任主角。

植株大小: 90×60 厘米
注册名: AUSDECORUM | 美国专利号 NO.18717 | 2006 年推出

埃格兰泰恩（Eglantyne）[1]

如果以单朵花来论，我一直认为埃格兰泰恩是最迷人的英国月季之一。它与玛丽罗斯相似，但是拥有更多的细节变化，它们的长势也差不多，但埃格兰泰恩的枝条更加挺直，没有那么多的分枝。它的花是柔和的粉红色，美如古老的白蔷薇，这通常是我们给予月季的最高赞美。花香甜美，有着迷人而精致的古老月季香味。埃格兰泰恩是中小型灌木。

以埃格兰泰恩·杰布（Eglantyne Jebb）来命名，她是英国什罗普郡（Shropshire）人，在第一次世界大战后创立了救助儿童基金会。

植株大小: 100×90 厘米
注册名: AUSMAK | 1994 年推出

---

1 埃格兰泰恩在中国也被叫作雅子，因为该月季在日本上市时正值当时的皇太子妃雅子的婚礼，为了纪念而名。国内花友因而也顺着称它为雅子。

英格兰月季（England's Rose）

　　这是一款特别强壮、中等大小的月季品种，花呈深粉色，初开浅杯状，随着花朵盛开，外部花瓣反折，会形成一个迷人的纽扣眼。花期从 6 月到 10 月，甚至持续到 11 月，花量时多时少，花朵成簇集群。英格兰月季植株健康，不易受气候的变化而变化，即使是持续的阴雨天气，花朵也不会湿烂黏成花球，即使花瓣凋落依旧是片片清爽。花香有着经典的古老月季的特征，浓郁，辛香。

植株大小： 120×90 厘米
注册名： AUSLOUNGE｜美国专利号 NO.22948｜2010 年推出

福斯塔夫（Falstaff）

我们一直希望能培育出一款各方面都表现出色的深红色的英国月季，但是困难重重。到目前为止，最接近理想状态的是这枝福斯塔夫。它的花朵硕大，浅杯状，有无数小花瓣在中心交错，形成向外发散的视觉效果。花色初开深红，随着花朵盛开，花瓣从内到外渐变为艳紫色。与许多深红色的月季不同，它植株挺立，枝干强健，花朵点缀枝间。相比古老月季，它的叶子更大，也更"现代"。它有着浓郁的古老月季香味。

以莎士比亚著作中的人物亨利四世来命名。

作为藤本月季[1]

自然生长的福斯塔夫其实是灌丛状，并非天生藤本，出乎意料的是它能被培育出长至 2.4 米或更长的枝条，极少有这样的红色的藤本英国月季。

植株大小： 120×100 厘米
注册名： AUSVERSE ｜ 美国专利号 NO.13315 ｜ 1999 年推出

1　按分类习惯，此类介于灌木和藤本之间的月季株型，多称为半藤本月季。中国宋代名种红宝相就是如此。

仁慈的赫敏（Gentle Hermione）

　　这款杂种月季有着英国麝香月季（English Musk）和利安德尔的血统，也有古老月季的基因，它的外形更接近古老月季。植株的大小中等，有些横向发展。初生的叶子呈红色，逐渐变绿直至深绿色。如照片所示，它的花朵呈柔和的粉红色，随着花朵盛放，花瓣边缘的粉色会更浅。盛开后的花型为浅杯型，无论初开还是完全盛放，它的花型都堪称完美，非常迷人。花朵有着浓郁的古老月季香味，略带一丝没药香。它的抗病性非常好。

　　在莎士比亚所著的《冬天的故事》中，赫敏是西西里国王里昂提斯忠诚的妻子，是珀迪塔的母亲。

植株大小：120×90 厘米
注册名：AUSRUMBA | 美国专利号 NO.17500 | 2005 年推出

格特鲁德杰基尔（Gertrude Jekyll）见第 7 页

格特鲁德杰基尔与农夫密切相关，两者都是波特兰月季的杂交后代。一个很偶然的机会，它们一起出现在我们的月季培育基地。然而，农夫呈横向生长，而格特鲁德杰基尔枝条更为直立。格特鲁德杰基尔的花朵大，花色呈深粉红色，极具古老月季的特征。花型不算完美，但依旧美丽。叶子和生长都接近波特兰月季，有着典型的波特兰叶子和广泛分布的浅绿色小叶。它非常健壮，自由开花，具有非常强烈、丰富的古老月季香气，非常高品质。植株为中等大小的灌木。

以英国花园设计师兼作家格特鲁德·杰基尔（Gertrude Jekyll，1843—1932）的名字来命名。

作为藤本月季

令人惊讶的是，在实际栽培中发现，这款月季完全可以当作藤本月季来培育，能长至 2.4 米。

植株大小: 120×100 厘米　　**注册名:** AUSBORD | 1986 年推出

哈洛卡尔（Harlow Carr）右

哈洛卡尔和玫瑰花园（Rosemoor）于同期推出，两种都为英国月季注入了新鲜血液。非常像古老的莫城蔷薇（Rosa×Centifolia 'Demeaux'）和荷兰娇（R 'petite de hollande'），哈洛卡尔继承了小型、甚至微型古老月季的花型。从可爱的小杯型花蕾逐渐打开，最后发展成杯状莲座花型，中心还有一个纽扣眼。哈洛卡尔有着恰到好处的浅玫瑰色，拥有强烈的古老月季的香味，甚至让人一闻就想起玫瑰化妆品来。它植株强健，能长成匀称、圆润的大型灌木，花朵几乎可以垂地。它的叶子也是经典的古老月季叶形，初生时叶子颜色是古铜色，随后渐渐变绿。总而言之，哈洛卡尔几乎可以说是理想的英国月季，如宝石般美丽。我希望园丁们不要仅仅因为它的花朵娇小而忽略了它。

以位于约克郡的英国皇家园艺学会最北端的花园哈洛卡尔命名，纪念英国皇家园艺学会成立 200 周年。

植株中等，大小: 120×90 厘米　　**注册名:** AUSHOUSE | 2004 年推出

海德庄园（Hyde Hall）

　　这个品种在英国月季中并不多见，它更像是古老月季的某个杂交品种。这也许是因为它同时拥有大型灌木的形态以及优秀的复花能力这两种标志性特征。很少有复花月季能做到这点：在通常情况下，宽大株型和频繁复花，二者不可兼得。它能在不断长出枝条后，很快就开出大量的花来。它的花朵呈中等大小，不算迷人，却有一种简单的美感。海德庄园的优势也不是靠单独的花朵，而是以植株型成灌丛的整体效果来取胜。豆沙粉色的莲座型花朵能在大大小小的枝条上盛开。它的香味相对较淡，有着令人愉悦的柔和的果味。叶子细而尖，与犬蔷薇有相似之处。植株健康，易形成精致的灌丛。

　　以英国皇家园艺学会在英国埃塞克斯郡的一个花园命名，该花园拥有一个精美的玫瑰园，种植了许多英国月季。

植株大小：175×150 厘米
注册名：AUSBOSKY | 美国专利号 NO.16792 | 2004 **年推出**

无名的裘德（Jude the Obscure）

在古典杂种月季中，我们有从白色、粉红色和深红色，再从紫红色到紫色的所有颜色，但我们没有黄色的花朵，直到我们培育出温德拉什（Windrush）。以它为基础，我们又培育出了无名的裘德。这两个品种都具有令人愉悦的柔和的黄色。因为在我们的古典杂种月季中没有黄色品种，所以我们必须从外来蔷薇属植物中寻找黄色基因。

我们认为，在本章节介绍的月季中，无名的裘德最具有古老月季的特征。在其花朵盛开后，形成一个大而深的杯状花，里面有许多小花瓣。花中间为杏黄色，边缘呈浅黄色。其花香馥郁，散发出水果香味，让人想到番石榴和甜葡萄酒，令人感到特别愉悦。无名的裘德植株较矮，生长强健，枝条直立而浓密，有浅绿色的叶子，这些都是英国古老杂种月季的特征。

名字来于自英国小说家、诗人托马斯·哈代（Thomas Hardy）的小说。

植株大小： 100×120 厘米
注册名： AUSJO | 美国专利号 NO.10757 | 1995 年推出

布莱斯威特（L. D. Braithwaite）

　　我们有不少深红色的英国月季，但这种月季的深红色有些明亮。它们的花瓣较松散，通常花开得又宽又平。然而布莱斯威特与玛丽罗斯有关，并且继承了该品种的许多优良品质。它开花性很好，具有出色的重复开花的能力。与大多数月季相反，它初开时几乎没有什么香味，直至花朵渐渐变老，迷人的古老月季香味才浓郁起来。它是目前为止，我们培育的最好的红色品种之一，植株大小中等，浓密，分枝性好，灌丛生长，很容易与其他植物搭配种植。

　　以我的岳父莱纳德·布莱斯威特（Leonard Braithwaite）的名字来命名。

植株大小：100×100 厘米
注册名：AUSCRIM | 1988 年推出

梅吉克夫人（Lady of Megginch）

这种月季花大，颜色丰富，令人印象深刻。花朵初开时是美丽的圆形花蕾，逐渐盛放成非常大的杯状莲座花。它的颜色是非常丰富的深粉色，起初略带深橙色，然后变成深玫瑰粉色。花香为古老月季香型，带有一丝覆盆子的味道。根据修剪的程度不同，它能长成中等或较大的灌木。植株强壮，直立。如果想要在柔和的色彩周围加上一些令人感到兴奋的点缀，那么这款月季会大有用途。

位于苏格兰珀斯的梅吉克城堡，是斯特兰奇男爵夫人的故居。

植株尺寸： 120×100 厘米

注册名： AUSVOLUME｜美国专利号 NO.18710｜2006 年推出

索尔兹伯里夫人（Lady Salisbury）

这款月季拥有白蔷薇的一些特征，代表了古老月季的魅力。其大量玫瑰粉色的花蕾盛开后，呈现为纯正粉色的莲座花型，盛放时间越久，花色越柔和。花初开的时候，每个花朵的中心都有一个纽扣眼，开至最后，我们可以看到中心一簇雄蕊。从初夏开始，花朵连续盛开，香气扑鼻。绿叶呈亚光，植株健康、呈灌丛状，非常符合古老月季的风格。

为庆祝哈特菲尔德庄园建立 400 周年而命名，该庄园曾是索尔兹伯里夫人的家。

植株大小： 120×90 厘米
注册名： AUSCEZED | 2011 年推出

曼斯特德伍德（Munstead Wood）

特别渴望有新的深红色月季加入我们的推荐系列，这款月季就是。曼斯特德伍德的花瓣具有天鹅绒般的光泽，花的颜色呈墨红色，花瓣的边缘颜色稍浅。它的花朵很大，呈杯状，随着花朵开放，逐渐成浅杯状。一旦花朵老去，我们还可以看到花瓣中的柱头和雄蕊。

曼斯特德伍德长势强劲，枝条舒展，容易长成宽阔的灌木。初生的叶子呈红铜色，老叶则是绿色，叶色有着漂亮的对比。拥有浓郁的古老月季的香味，混合了水果味。我们的香水专家是这样描述这种香味的："温暖，并且带有黑莓、蓝莓和李子的水果香味"。它的抗病性不错。

曼斯特德伍德是以花园设计师和园艺作家格特鲁德·杰基尔（Gertrude Jekyll）在萨里的家和花园的名字来命名的，那里曾是她专注写作的地方。

植株大小：90×75 厘米

注册名：AUSBERNARD | 美国专利号 NO.19876 | 2007 年推出

亚历山德拉公主（Princess Alexandra of Kent）

　　这款月季能以亚历山德拉公主之名来命名，真是我们的荣幸。亚历山德拉公主是女王的表亲，她醉心园艺，迷恋月季。以她命名的这款月季花朵异常硕大，粉色调柔和而有光泽。大量深粉红色的小花瓣，聚集在粉红色花瓣组成的圆环中，形成一个完美的深杯状花型，营造出令人愉悦的视觉效果。由于其枝条笔挺，紧凑，很适合三株一组来种植，可以培育出一个非常平衡的月季灌丛。它有一种悦人的茶香味，有趣的是，随着花朵的盛开，会转变成柠檬香味，到最后还有点黑醋栗的味道。植株非常健康。

植株大小：100×75 厘米
注册名：AUSMERCHANT | 美国专利号 NO.19828 | 2009 年推出

安妮女王（Queen Anne）

安妮女王有着经典的古老月季百叶蔷薇的影子，花朵中等大小，呈很纯的玫瑰粉色，外层花瓣比中央花瓣颜色略淡。花香浓郁，起初有梨形糖[1]的果香，后逐渐变成优雅的古老月季的芬芳。这种月季枝条挺直，密生，而且几乎没有枝刺。

以庆祝安妮女王于1711年创立的阿斯科特赛马场三百周年而命名。

植株大小： 100×90 厘米
注册名： AUSTRUCK | 2011 年推出

---

1 梨形糖（pear drop）是英国流行的一种硬糖，其香味是水果味，有点介于香蕉和梨的味道。

玫瑰花园（Rosemoor）

　　我们对哈洛卡尔（第 126 页）的大部分描述同样适用于这种月季，不过玫瑰花园的花朵稍小，直径不超过 50 毫米。花朵就像是完美的微型古老月季，有着柔和的粉红色，初开时颜色很深，后逐渐泛白。它们分布在或大或小的花枝上，簇状集群式开放，每一朵花都得以完美呈现。它有一种非常美好的香味，我们的专家将此描述为"具有苹果、黄瓜和紫罗兰香气的玫瑰香"。不仅单朵的花迷人，整体的植株型状也非常美丽，自然生长成一个中小型的圆润的灌丛，花朵自下而上覆盖，其效果有点像盛开的樱花。最后再补充一点，以我们的养护经验来看，它几乎不生病。

　　以皇家园艺学会的德文花园（Devon garden）来命名，该花园拥有一流的月季花。

植株大小: 100×75 厘米
注册名: AUSTOUGH | 2004 年推出

沃尔特·司各特爵士（Sir Walter Scott）

这款月季品种之所以迷人，是因为有苏格兰玫瑰（Scottish Rose）的基因。其花朵小巧，呈粉红色，在盛开一段时间后，花朵颜色会慢慢褪去变白。花瓣围绕花朵中心的纽扣眼排列，形成一个完美的古老月季花型。植株矮小，枝条浓密，呈灌木状生长，它那细长的小叶子，明显遗传自苏格兰玫瑰。重瓣花有着古老月季的花香味。它植株强健，即使在很差的环境下，依旧可以生长良好。

以备受尊敬的苏格兰小说家和诗人沃尔特·司各特爵士来命名。

植株大小：90×75 厘米
注册名：AUSFALCON | 2015 年推出

圣斯威辛（St.Swithun）

　　这款月季是怒塞特（Noisette）与我们的一款古典杂种月季混血的结果，它的生长特性略倾向于后者。花朵呈现出扁平的莲座状，花瓣整齐排列其间，在中间形成一个纽扣眼。花色为柔和的粉红色，边缘呈淡粉色，散发出强烈的没药香味。在花朵绽放得最完美时，看上去像是装满小花瓣的碟子。花朵稍下垂，恰好符合我们对藤本月季花朵的期待，可以欣赏花朵的正面。它的叶子光滑，颜色近乎灰绿色。

　　以温彻斯特主教圣斯威辛命名，以纪念温彻斯特大教堂奉献的第900周年。

作为藤本月季

　　这种品种可以培育出 3~3.6 米长的枝条。

植株大小： 120×90 厘米
注册名： AUSWITH | 1993 年推出

德伯家的苔丝（Tess of the d'Urbervilles）（右）

这种月季的花型较大，呈可爱的樱桃红色，形态精美，花瓣松散地交织在花心处，外花瓣会慢慢向后弯曲，使得花型呈穹顶状。初开时便怒放，往往会让花枝为之"折腰"，之后花朵会逐渐变轻，但仍保有其独特的美丽。这种月季会散发出宜人的古老月季芳香。植株中等大小，叶片大，呈深绿色。

以托马斯·哈代的小说来命名。

作为藤本月季

此品种可长到 2.4 米。

植株大小：120×100 厘米　　　**注册名：**AUSMOVE | 1998 年推出

农夫（The Countryman）

这款特别的月季有点像格特鲁德杰基尔（Gertrude Jekyll），是早期的英国月季和波特兰月季杂交的后代。它的枝条直立，长到一定的高度才会弯曲，植株最终形成穹顶状的株型。淡绿色的叶子数量丰富，甚至可以长至紧挨着花朵。每片叶子的初生叶较宽，揭示了波特兰月季中大马士革蔷薇的血统。它的植株不算特别高，但是株型宽大超过了高度。花朵的形态很好，有很多窄窄的花瓣开放形成一个扁平的莲座花型。花色是诱人的玫瑰粉，散发着甜美的古老月季的香味，时而带点草莓的香味。这是一款很健壮的月季，在各方面都表现良好，也是我个人最爱的月季之一。

以《农夫》杂志（*The Countryman*）来命名。

植株大小：90×100 厘米
注册名：AUSMAN | 1987 年推出

园丁夫人（The Lady Gardener）

　　这个品种的单朵花径可达到 10 厘米，有着漂亮的杏色，外侧花瓣及花瓣边缘渐变成白色。莲座花型，大量花瓣松散排列其中，正好将花朵四等分，并在花朵的中心形成一个美妙的纽扣眼。花朵有着浓郁的茶香，散发着雪松木和香草的气息。这是一款极好的花园植物，复花性好，对雨水有着极佳的抵抗力。

　　命名旨在提高植物遗产的知名度，保护英国园林植物的多样性。

植株大小: 120×90 厘米
VARIERT AUSBRASS | 2013 年推出

五月花（The Mayflower）（右）

五月花月季是我们在花园月季育种上的一个重大突破。我们培育了很多抗病性强的月季，但是五月花这款月季可以说是完全无病害。它的花朵并不艳丽，是非常迷人的小型花。花瓣饱满，花色呈深粉色，有着典型的古老月季的特征。植株直立，枝条浓密，绿叶有点亚光。花期很长，可以从年初一直开到霜冻。花朵具有浓郁的古老月季的香味。

五月花是第一批英国移民登陆北美的船只名号。以此命名这款月季，用来纪念我们发布了第一个美国目录。

植株大小：120×90 厘米
注册名：AUSTILLY | 2001 年推出

苏珊威廉姆斯埃利斯（Susan Williams—Ellis）（左）

苏珊威廉姆斯埃利斯是五月花月季的白色芽变品种，我们的员工斯蒂芬·普勒（Stephen Pooler）在育种室的一批五月花月季中发现了它，除了花色纯白，其他都与五月花一模一样，具有同样强大的抗病能力，有着同样迷人的花型和令人愉悦的香气。

苏珊·威廉姆斯-埃利斯是一位设计师，与她的丈夫尤安·库珀·威利斯先生（Euan Cooper—Willis）创办了波特梅里恩陶器（Portmeirion pottery）陶瓷品牌。苏珊是英国月季的发烧友，她画了大量的漂亮的月季水彩画作。

植株大小：120×90 厘米
注册名：AUSQUIRK | 美国专利号 NO.23395 | 2010 年推出

诗人的妻子（The Poet's Wife）

这是一款有着明亮黄色的优良月季，外花瓣形成一个整齐的环形，将内部花瓣包裹起来，看着就让人心情愉悦。花香浓郁，带有柠檬的香味，随着花朵盛放，花香会越来越甜美。植株抗病性好，灌丛矮且灌径大，非常适合在花境边缘种植。

植株大小： 120×100 厘米
注册名： AUSWHIRL | 2014 年推出

年轻的利西达斯（Young Lycidas）

年轻的利西达斯有着经典的古老月季之美。其花瓣的排列方式十分迷人，大花，即使完全盛开依旧能保持深杯状。花色在英国月季中是全新的，是深洋红、粉红和红色几种颜色的混合，外花瓣趋于浅紫色，这种浅紫色是相对于其泛着银光色的花瓣背面而言。植株容易培育成浓密的灌丛。花朵的香气极美，开始时是纯正的茶香，逐渐转变成茶香和古老月季香的混合香，并带有迷人的雪松木香气。因为香味，它还在 2009 年巴塞罗那大赛（Barcelona Trials）中赢得了芳香气味的一等奖。

在诗人约翰·弥尔顿（John Milton）诞辰四百周年，以他的作品命名。利西达斯（lycidas）是他的英文短诗。

植株大小： 120×90 厘米
注册名： AUSVIBRANT | 美国专利号 NO.20960 | 2008 年推出

2 The Leander Group
利安德系

如果我们将古老月季和现代月季杂交，毫无疑问，培育出的月季苗有一些长得像前者，另外一些则更像后者。我们努力想要得到的月季应该是这样的——它有着古老月季的花型，但是它们的叶子和生长特征更像现代月季，就像古老的波旁月季那样。为了实现这一目标，我们把目光转向了现代藤本月季，如我在第一章中所描述的，它们都与蔓生的光叶蔷薇有关，原因是它们都是通过能多季开花的新黎明杂交而来，新黎明是范弗利特的芽变品种，而范弗利特是一种非常强壮健康的月季。得到的结果就是，几乎所有的现代藤本月季都有很强的抗病性和良好的复花性。这些月季大部分长得不算很高，也就是比大灌木稍高一些而已。因为这些特性，它们成了我们培育开发新品种英国月季的理想之选。

我们选择了阿罗哈为母本，这是博纳（Boerner）在 1949 年育成的月季品种。这个出色的品种更像是灌木，而不是藤本，而且我们也的确把它当作灌木来培育。它的抗病性极好，也很容易复花。从我们的角度来看，最重要的一点是，它既有古老月季的杯状花型，又有着强烈的花香，另外，它还有可人的粉红花色。所以，它成了我们实现目标的最佳选择。

我们一开始用了英国光叶蔷薇杂交种（English Wichurana Hybrids）这个名字来命名我们的新系列，但是这样的名字实在有点拗口，最终我们决定用利安德系这一名字。与古老杂种月季相比，这一组中的月季都特别强壮和健康，植株较大，具有长而成拱的枝条，从而形成优雅的株型。它们的花朵从莲座状到深杯型不等，微微低垂，形态优美。它们的香气浓烈，香味丰富，有古老月季的香味，也有茶香月季香，或者是没药、麝香味，并且往往还带些果香味。

总而言之，最后我们培育出来的利安德系月季都极为优良，能适应各种环境。或许它们与其他古老月季相比在一些地方稍逊风采，但它们的复花性和花色的艳丽程度则是无可比拟的，更何况它们的株型极为优美，花和叶都具有最令人愉悦的增亮效果。在所有的英国月季中，它们最先引起了人们的注意。

什罗普郡少年（A Shropshire Lad）见第8页

这款月季是杯状花，花色桃粉，至边缘逐渐变浅。随着花朵盛开，外层花瓣逐渐外翻，且颜色变得更淡。什罗普郡少年的花有着茶香月季的特征，是非常好闻的水果香味。它那富有光泽的深绿色叶片及充满活力的生长习性却是典型的利安德系月季的特征。这种月季的生长充满活力，且一年有两次的盛花期。什罗普郡少年很适合培育为藤本攀墙，也适合攀附拱形，只要不太高大。

以豪斯曼（A. E. Housman）的诗作《什罗普郡少年》命名。比较遗憾的是，这之前我们用什罗普郡一少女（A Shropshire Lass）命名了一种月季，虽然两者极为不同，但还是很容易引起混淆。

作为藤本月季

这个品种非常适合作为藤本来种植，可以长到3.6米。

植株大小：150×150厘米
注册名：AUSLED| 美国专利号美国专利号 NO.10607 | 1996年推出

艾伦蒂施马奇（Alan Titchmarsh）右

这个品种的月季有着相当大的花朵，重瓣，花瓣略有曲线，深杯状的花朵内布满花瓣。外花瓣呈淡粉红色，中心的花瓣颜色则更深一些，是红彤彤的暖粉色。侧枝上的花三到四朵一簇，从根部生长出来的主枝上则有着更大花簇，花朵间有序间隔，有着类似烛台的效果。它们有着温和的古老月季的香味和淡淡的柑橘味。艾伦蒂施马奇植株较大，能形成优雅的拱形，视觉呈现相当漂亮。它的叶芽呈红色，叶片则是有光泽的深绿色，每组有7到9片叶子。这种月季的抗病性很好。

以著名的电视园艺学家、作家艾伦·蒂施马奇的名字命名，多年来，他给园丁们带来了欢乐，提供了很多帮助。

植株大小：120×90厘米
注册名：AUSJIVE| 美国专利号 NO.17685 | 2005年推出

芭思希芭（Bathsheba）

芭思希芭拥有长而优雅的杏黄色的花苞，开出了经典的浅杯形的花，花朵的直径约有 10 厘米，里面布满了密密麻麻的花瓣。花朵绽放后的色彩极美，花瓣的上面是淡淡的杏粉色，背面是柔和的黄色，给人的整体印象则是浓郁的杏色。有一种极好闻的柔和的没药香气，花香温和，带有蜂蜜的味道。随着花朵完全盛开，逐渐转为茶香月季的香气。芭思希芭是一种健康，富有活力的藤月，有着良好的复花性和迷人的犹如缎子一般的中绿色叶子。

以托马斯·哈代的小说《远离尘嚣》中的女主角芭思希芭（Bathsheba）命名。

植株大小: 3 米
注册名: AUSCHIMBLEY| 美国植物专利申请 | 2016 年推出

本杰明布里顿（Benjamin Britten）

　　与该组系其他月季的性状略有不同，这是一种枝条相对浓密甚至有些过度交错的灌木月季，它的茎较细，浅绿色的叶子也很小，花朵重瓣，但是较轻，尺寸还不到中等大小，花朵中心带有一个纽扣眼。花色呈橙色和红色的混合色：这是一种很漂亮的颜色，尤其是作为鲜切花布置在室内的时候。除此之外，本杰明布里顿仍可算是利安德系的典型月季，它高度中等，枝条浓密，株型略呈弓形，叶子小而尖。也许本杰明布里顿不是像大家所希望的那么容易开花，但它自有其不寻常之处，尤其是它的花色很讨喜。它的花朵散发出强烈的水果味，带点葡萄酒和梨形糖的味道。

　　以英国作曲家的名字命名。

植株大小： 120×90 厘米
注册名： AUSENCART| 2001 年推出

博斯科贝尔（Boscobel）

　　博斯科贝尔有着朝上盛开的美丽花朵。花蕾呈红色，初开的时候呈漂亮的杯状，最后完全盛开成经典的莲座花型，花朵内充满了许多深浅不一的鲑红色花瓣，令人感到愉悦。它有着浓郁的没药香，蕴含了一丝山楂、接骨木花、梨和杏仁的香气。博斯科贝尔是一种抗病性好，富有活力的中型灌木月季，它的枝条直立，叶色墨绿有光泽。

　　以我们苗圃边上的博斯科贝尔之家（Boscobel House）的名字来命名。这座房子建于1632年，之所以闻名，是因为在英国内战期间，查理二世被克伦威尔的士兵追捕时，躲在了这间屋子边的橡树上。

植株大小：100×75 厘米
注册名：AUSCOUSIN| 美国专利号 NO.24064 | 2012 年推出

卡罗琳骑士（Carolyn Knight）

　　我们发现，有些月季在种植了几年之后，偶然会发生芽变现象，植株的某一特征发生了变化，通常是花色的改变。这个案例是，夏日之歌（Summer Song）原本醒目的焦橙色花，芽变后产生的品种却开出了柔和的金色花，这就是卡罗琳骑士，它的花苞在萌芽阶段是杏粉红色，很快就变成了大大的金黄色杯状花。它有着浓郁甜美，闻起来有点温暖的蜂蜜香气，香味的深度和复杂度极高，随着花朵继续盛开，还会带有一些淡淡的杏仁、没药和茶香月季的香气。这款月季的枝条呈直立生长，株型相对较高。

　　在大卫奥斯汀月季的早期，卡罗琳·奈特（Carolyn Knight）在设计规划方面提供了极为宝贵的帮助，在她去世之后，这款月季便以她的名字命名。

植株大小: 140×90 厘米
注册名: AUSTURNER | 2013 年推出

查尔斯达尔文（Charles Darwin）

乍一看，还以为这是亚伯拉罕达比，这两种月季都是比较大的杯形花，花枝都一样健壮。但它们的花色却大不相同，亚伯拉罕达比有点像粉红和黄色的混合，时而倾向于粉红色，时而更倾向于黄色。而查尔斯达尔文的花几乎是纯芥末色，花朵有着愉人的芳香，介于花草茶和柠檬香之间。

以出生于什罗普郡的英国博物学家的名字来命名。

植株大小： 120×100 厘米
注册名： AUSPEET | 美国专利号 NO.13992 | 2003 年推出

玛格丽特王妃（Crown Princess Margareta）

这是一种大型灌木，生长茂盛，充满活力，枝条微呈拱形，株型浑圆。花是浓郁的杏橙色，花朵尺寸呈中等大小或略大一些，浅杯花型很规整，花瓣排列在中央，有着极佳的视觉效果，外层花瓣则向后翻，颜色也更浅一些。花朵具有浓郁的茶香月季型果香。这种强健的月季，叶子茂密并富有光泽。它的颜色可令花园熠熠生辉。

以维多利亚女王的孙女瑞典王妃玛格丽特的名字命名，她是一位有着很高造诣的造园师，瑞典赫尔辛堡索菲罗夏宫的花园就是她设计建造的。

作为藤本月季

这个品种可以长到 3.6 米甚至更高。

植株大小：150×140 厘米
注册名：AUSWINTER | 美国专利号 NO.13484 | 1999 年推出

战斗的勇猛号（Fighting Temeraire）

在大部分英国月季中，战斗的勇猛号别具一格。它半重瓣的花朵不过 12 片花瓣，完全盛放展开后却达 10~12 厘米宽。它的花色为杏色，在雄蕊后面有一块金黄色的色块，随着花朵老去，颜色会慢慢变浅成柔软的杏黄色。它的香气浓郁，带点柠檬味的水果香。战斗的勇猛号植株健康有活力，可以培育成迷人的球状灌丛，一到花期，大量的花朵就会簇拥其上。

以绘画作品《战斗的勇猛号》来命名，该画于 1839 年由山水画家、水彩画家和版画家透纳（J.M.W. Turner）所绘。

植株大小： 120×120 厘米
注册名： AUSTRAVA | 2011 推出

杰夫汉密尔顿（Geoff Hamilton）

　　这是一种大型灌丛月季，生长极为强健。花量丰富，花型也不寻常，不是普通的杯状，而是圣杯的形状，大量的花瓣裹在中间，有着令人愉悦的视觉效果。右边这张照片上的花尚未完全盛开，我们可以看到花朵的内部是柔软的暖粉色，外缘则是淡粉红色。相比古老月季，它的叶子更接近杂种的茶香月季，但它的花却是古老月季的香型，还带有一丝苹果味。杰夫汉密尔顿特别适合布置在花境背后，它能与其他植物形成良好的竞争关系。

　　以广受喜爱的园艺电视明星杰夫·汉密尔顿的命名，他于 1996 年去世。

植株大小: 120×90 厘米
注册名: AUSHAM 品种 | 美国专利号 NO.11421 | 1997 年推出

黄金庆典（Golden Celebration）见第 27 页

这也许是最灿烂的英国月季，花大，金黄色，深杯状，优雅地开在优美的拱形枝条上。尽管花朵很大，花瓣却不易散。这种月季很好地说明了，即使花朵超大也不一定显得笨拙，这一切都取决于它们开在枝条上的样子是否协调。在花季的晚期，黄金庆典的花朵就不会那么大了，花型也更接近杯状。它的叶子也很大，呈浅绿色，有光泽，看起来很衬花朵的颜色。黄金庆典非常健壮，株型丰满，花朵与之比例完美，相辅相成。它的花香浓郁，起初带有茶香月季的香味，后逐渐散发出淡淡的白葡萄酒和草莓的香气。

植株大小：120×120 厘米
注册名：AUSGOLD | 1992 年推出

格蕾丝（Grace）右

这是利安德系中最美丽的月季之一。枝条呈拱形，横向生长，总体较为宽阔，可以长成优美的丘状灌木。它的花相当大，完美地开在细长枝条的末端。花朵起初呈杯型，迅速开成圆球形的花朵，它的窄窄的花瓣略带槽纹，末端有尖，这是它与其他月季的不同之处。花色呈杏色，向花心处逐渐加深。花香甜美温和。它的花茎很细，初生时为红色，后逐渐变为绿色，有着尖尖的叶子和优雅的形态。植株生长健壮有活力，能长成中等大小的灌木，复花性极好。

从各个方面来看，格蕾丝都是一种很不错的月季。我发现它很适合与黄金庆典并排种植，黄金庆典的植株较高，两者都有金黄色的花。

植株大小：120×120 厘米
注册名：AUSKEPPY| 2001 年推出

詹姆斯高威（James Galway）

詹姆斯高威最引人注目的特征就是整洁的花朵，无数花瓣一片一片被安排妥帖，形成一个中等大小的球状花。花朵的中心呈暖粉色，如同大部分粉色月季一样，花色至外层花瓣及花瓣边缘逐渐变浅。它有着古老月季的香味，复花性好，几乎不染病。

以世界著名的笛子演奏家詹姆斯·高威（James Galway）来命名，以庆祝他 60 岁生日，并且在 2000 年的切尔西花展上推出，由此我们很高兴在花展上又听了他的演奏。

作为藤本月季

这种月季能在有支架的情况下生长至 3~3.6 米，如果是攀墙还能长更高。

植株大小：150×120 厘米

注册名：AUSCRYSTAL | 美国专利号 NO.13918 | 2000 年推出

银禧庆典（Jubilee Celebration）

　　这是利安德系月季中最好的品种之一。它非常健壮，拱形、宽大的株型异常优雅。它的主枝很长，往前弯曲，在小型的花簇上开出极大的花来，花朵初开时为莲座型，随着盛开逐渐形成球状花。我们很难描述它的花色，主要原因是它的花色变化太快了，如果一定要描述，也可以将它说成是暗淡的粉红色，而花瓣的背面带点黄色调，由此提供了很不寻常且令人愉悦的双色调效果。它的花香是这一组的典型香气，浓郁的果香，带有淡淡的新鲜柠檬和覆盆子香气。它的叶子也很有利安德系特征，富有光泽。像我们大多数新品种一样，它非常抗病，可以这样说，无论从哪个方面来说，银禧庆典都值得拥有。

　　为了纪念伊丽莎白二世女王登基 50 周年而命名。

植株大小：120×120 厘米
注册名：AUSHUNTER | 2002 年推出

夏洛特夫人（Lady of Shalott）

　　这应该是我们全系列月季中最健壮的月季之一，有着极强的抗病性，令人不可思议的是它几乎一年四季都能不断开花。对于那些资历尚浅的园丁来说，它的确是理想之选。

　　它的幼芽呈橙红色，逐渐开放成圣杯状的花朵，花瓣松散排列其中，每片花瓣上面呈鲑粉红色，背面呈迷人的金黄色，从而形成鲜明对比。圣杯状的花型意味着我们可以清楚地看到花瓣的背面，在它绽放的时候，得以一瞥花朵深处的色泽。它的花朵有一种宜人而温和的茶香月季的香味，融合了些许肉桂苹果和丁香的香气。夏洛特夫人植株强健，能快速生长成大而浓密的灌木。它的茎略带弓形，绿色的幼小叶子具有诱人的略带古铜色的色调。

　　以丁尼生学会（Tennyson Society）命名，由此纪念阿尔弗雷德·丁尼生勋爵（Lord Alfred Tennyson）200周年诞辰。夏洛特夫人是丁尼生笔下一首著名诗篇的主角，诗中的夏洛特夫人住在一个城堡里，那儿离亚瑟王的卡米洛特宫殿很近。她一直处于魔咒状态，直到她在镜子里看到兰斯洛特爵士。

植株大小： 120×100 厘米
注册名： AUSNYSON ｜ 美国专利号 NO.22171 ｜ 2009 年推出

晨雾（Morning Mist）

　　晨雾是一种很大的灌木月季，比其他任何英国月季都要大。它的花朵倒是只有中等大小的单瓣花。它的花瓣内侧一圈为黄色，至花心处变成了灰铜粉色，而外圈则是深粉色，这样的颜色变化都拜精美的黄色雄蕊和红色花药所赐。它有着淡淡的丁香和麝香的香气。这是一种富有活力的月季，且有极强的抗病性，即使在半野生条件下也可以健康生长，不失光彩。

植株尺寸：180×150 厘米
注册名：AUSFIRE | 1996 年推出

奥莉维亚罗斯奥斯汀（Olivia Rose Austin）

奥莉维亚罗斯奥斯汀在各方面的表现都非常出众，它的花朵有着均匀柔和的粉色，并开出美丽的杯状花型。它具有令人愉悦的芬芳的水果香味。这种月季能长成令人愉悦的、形态均衡且充满活力的灌木，深绿色的叶子很容易将花朵衬托出最佳效果。它的开花季特别早，差不多一年能开三季，早春开花直至深秋，而不像其他月季一般也就一年两次。以我们目前的经验来看，奥莉维亚罗斯奥斯汀完全没有什么病害。总而言之，这可能是我们有史以来最好的月季，它还在2014—2015年度英国月季育种协会（BARB）大赛中获得金奖。

以小大卫·奥斯汀的女儿，也就是大卫·奥斯汀的孙女命名。

植株大小： 100×90 厘米
注册名： AUSMI×TURE | 美国植物专利申请 | 2014 年推出

约翰贝杰曼爵士（Sir John Betjeman）

当我第一次看到这种月季的成株时，有点犹豫，这会是我喜欢的月季吗？然而随着它的花苞越来越多，一朵朵盛开，我才发现我有多喜欢它。它的花色是亮深粉色，重瓣花宽大，呈莲座状，最后逐渐盛放成球状，并且花色也逐渐变深，对英国月季来说，这点很不寻常。它的花宽 6.5~7.5 厘米，开花很勤。它的枝条强健、浓密，带点拱形，可形成整齐的圆形灌木。因为其鲜艳的色彩，在花境的设计中，将它与其他色彩较柔和的月季种在一起形成对比，是一个不错的选择。当然，它也适合种在规整的花床里。它的花期特别长，当其他月季都不再开花的时候，它仍在盛放。它也是理想的盆栽月季，只有淡淡的清香。总的来说，这是一种非常强健的灌木，即使环境糟糕，依旧能生长良好。

应约翰·贝杰曼协会（John Betjeman Society）的要求命名。约翰·贝杰曼爵士是作家、新闻记者和广播员。他打开了人们看待身边建筑物及其周围景观价值的视野。

植株大小： 100×75 厘米
注册名： AUSVIVID | 美国专利号 NO.20941 | 2008 年推出

自由精神（Spirit of Freedom）

这种月季有着真正的古老月季之美，花朵很大，不像康斯坦斯普赖（Constance Spry）这样的月季花朵较小。它的花型为杯状，中间布满花瓣，有些轻微内陷似碟形。花色呈柔和的粉红色，随着花朵盛放逐渐变成丁香粉。这些优雅着于枝头的花朵，散发着迷人的带着没药味的香气。叶子近灰绿色，将花朵衬托得更为完美。自由精神有着很好的抗病性。

以自由协会（Freedom Association）的名字命名，该协会致力于在英国维护和推行自由。

作为藤本月季

这个品种将生长到 3 米。

植株大小: 150×120 厘米

注册名: AUSBITE | 美国专利号 NO.14973 | 2002 年推出

草莓山（Strawberry Hill）

草莓山中等大小，有着完美的杯状花型，在花朵盛开的每个阶段都很漂亮。花色呈纯玫瑰粉，由中心向外缘逐渐变淡至浅粉色，完全盛开后，花心处会显露出黄色的花蕊。它具有特别细腻带着一丝柠檬味的没药香气。植株很高，枝条有点拱形，有着恣意生长的活力。它的墨绿色的叶子健康而有光泽。将它种在花境边缘靠后的位置抑或是玫瑰灌丛的边缘，是一个很好的选择。

草莓山是英国第一任首相罗伯特·华波尔（Robert Walpole）爵士的住宅。最近，草莓山连同华波尔爵士曾经设计的一个精美的花园一起获得了修缮。

作为藤本月季

这种月季能生长到 2.4 米。

植株大小： 120×120 厘米
注册名： AUSRIMINI | 美国专利号 NO.18716 |2006 年推出

夏日之歌（Summer Song）

　　这种月季最显著的特征就是它的花色，对于它的最恰当的形容或许就是焦橙色，这个颜色让我想起东方绘画中的牡丹，对英国月季来说，这是全新的花色，极为少见。而且在整个花期，它都能保持这一颜色。它充满花瓣的杯状花形优美，大小适中。它有一种我们称为"花店"的香气，有点像菊花叶的香，带有淡淡的茶香月季的味道，但香味美好浓郁。它的抗病性好。夏日之歌血统有些杂，有其他类型的月季混入，但总的来说还是属于利安德系。

植株大小：120×90 厘米
注册名： AUSTANGO | 美国专利号 NO.17553 | 2005 年推出

欢笑格鲁吉亚（Teasing Georgia）

欢笑格鲁吉亚是利安德系月季的一个典型代表。它有着不易褪色的柔和的黄色花，盛开后形成略有曲线的莲座形花，甜美可人。几乎整个夏季，欢笑格鲁吉亚都在开花。它柔和的色彩和淡绿色的叶子，说明它有着英国麝香月季的基因，但其强健的生长发育特征表明它属于利安德系。它具有特别好闻的茶香月季香，并因此获得 2000 年英国皇家月季协会（Royal National Rose Society）评选的最佳香味品种，被授予亨利·爱德兰奖（Henry Edland Medal）。在英国和世界各地的比赛中，它还赢得了许多其他奖项。

因乌尔里希·迈耶（Ulrich Meyer）先生，我们以他的妻子格鲁吉亚（Georgia）来命名，两人都是德国媒体人。

作为藤本月季

欢笑格鲁吉亚很适合作为藤本月季培育，它枝条舒展，株型很大，在整个夏秋季节有着极好的表现。这个品种能生长至 3.6 米，甚至更高。

植株大小： 120×100 厘米
注册名： AUSBAKER | 1998 年推出

安尼克城堡（The Alnwick Rose）

非常健壮的中高型月季，中等大小的花在初开到盛放的整个过程中都讨人喜欢，初开的时候是深杯状，有着优美的曲线，逐渐盛开后，诱人的皱褶花瓣就表现出来，花朵的中间还略带黄色。它的花拥有浓郁的古老月季香味和淡淡的覆盆子香气。枝叶茂密，健康，光亮，这是利安德系的典型特征。安尼克城堡月季耐性极好，也易生长。

因诺森伯兰郡公爵夫人而取了这个名字，她在安尼克城堡建造了一个花园，是我们那个时代最令人印象深刻的大型花园，花园里种植了很多灿烂华丽的英国月季。

植株大小： 120×75 厘米
注册名： AUSGRAB | 2001 年推出

古代水手（The Ancient Mariner）

古代水手在开花的每个阶段都是那么漂亮，粉红色的花蕾逐渐盛放成充满花瓣的杯状花，花朵有着浓烈的没药香气。花朵的中心有着数量丰富且发光的粉红色，边缘呈白色。随着时间的流逝，在花的中心露出一簇金色的雄蕊。这种月季非常健壮，能比其他月季更快长成更大的灌丛。

名字的灵感来自塞缪尔·泰勒·柯勒律治（Samuel Taylor Coleridge）的史诗《古舟子咏》（*The Rime of the Ancient Mariner*）。

植株大小： 150×90 厘米
注册名： AUSOUTCRY｜美国植物专利申请｜2015 年推出

3　The English Musk Roses
英国麝香月季

与麝香月季相关的月季品种其实很早以前就有了，并且有着一定的数量，包括最初的一些怒塞特月季和相对较新的杂种麝香月季，以及其他一些说不清具体来源的品种。这些月季都有着独特的吸引力，我是这么规划的，通过将它们与古老月季组里的英国月季杂交，可能可以继承这些优良的特质，至少也可以以此为基础。

1958年由科德斯（Kordes）育种的冰山月季通常被列为丰花月季（Floribunda），但实际上是杂种麝香月季，由杂种麝香月季罗宾汉（Robin Hood）和杂种茶香月季处女座（Virgo）杂交而来。近年来，冰山月季当之无愧地成了所有月季中种植最广泛的品种之一。它植株矮小，枝条浓密，长势非常旺盛，复花性也极好。它的花是白色，但是，如果你仔细观察，有时会显现出淡红色，尤其是每年最末的那段花期。我想，如果将冰山月季与有着更大花朵的英国月季杂交，我们或许可以继承麝香月季祖先的特质而培育出一种全新的美丽月季。

近期，我们使用了怒塞特月季来进一步加强我们的英国麝香月季，怒塞特在血统上非常接近麝香月季，它不仅因花朵的精致而出名，还因其强大的活力和出色的抗病能力而闻名。

尽管很容易认出英国麝香月季，但是要将它们描述为一个群体并不容易。它们的枝叶偏淡绿色，细长且光滑。花朵的外表精致，有着独特的美，看上去非常的轻盈且迷人。它们的花色范围包括从最浅的腮红到全粉红色，还有一些非常漂亮的黄色品种。总而言之，我们的麝香月季杂交品种的花朵具有怒塞特月季的许多美丽之处，它们与之息息相关。

我希望我能自信地说，我们的英国麝香月季几乎已经完全捕获了麝香月季的香味，只有少数除外。奇怪的是，我们也能在其他组系的月季中找到这种香气。有意思的是，就像古老月季一样，大多数英国月季的花朵都是完全重瓣，而麝香的气味是由雄蕊而不是花瓣提供的。也就是说，如果你有很多花瓣，那么就会剩下少量雄蕊。不管怎么说，英国麝香月季依旧拥有浓烈的香气，并且香气也较丰富。

安妮博林（Anne Boleyn）

　　这种月季植株低矮，枝条伸展，容易长成匀称浓密的灌木，它嫩绿色的叶子比该组中的其他月季显得更加光滑。花呈杯状，花瓣对称排列，在花心处形成纽扣眼。花色柔和，呈暖暖的粉红色，只有中间部分的颜色略微深一些。它的花朵有些低垂。总体来看，无论是它的花还是叶子，都是那么整洁，带来令人感到愉悦的新鲜感。植株的生长有活力，株型小巧美丽，性状稳定。稍微可惜的是，它只有一丝淡淡的香气。

　　亨利八世国王有六个妻子，以他第二个妻子的名字命名。

植物大小： 90×90 厘米
注册名： AUSECRET | 1999 年推出

巴特卡普（Butter Cup）

　　这不是一种典型的英国月季，在它身上也几乎找不到一丝古老月季的影子。实际上，在英国月季中，像它这样有着脱胎换骨变化的月季或许只有银莲花月季可以与之相提并论。在我看来，它像是巨大的小金凤花（Butter Cup）。它是大型灌木，开中型、松散的半重瓣杯形花，花色浓郁，呈深黄色，其雄蕊颜色较深，且散发着明显的茶香月季的香气。它的花开在浅绿色叶子上方的那些细而直立的茎上。你可以试着将它种植在花境后其他矮种植物的后面，当花朵绽放，映衬着蓝天，会非常精致美丽。另外，它是抗病性非常好的一种灌木月季。

　　以小金凤花这种野花的名字命名。[1]

植株大小： 150×90 厘米
注册名： AUSBAND | 1998 年推出

---

1 "butter cup" 是毛茛科的小金凤花，奥斯汀命名的原意是指此品种色泽形态上比较像小金凤花。

夏洛特（Charlotte）

　　这一美丽的月季与格雷厄姆·托马斯月季有着很近的关系，但相比之下，它的花色显得略为柔和，更容易与别的月季搭配，它在各方面也表现得更好一些。精美的杯状花会逐渐盛开成莲座状，上面密布小花瓣，在花朵的中心形成一个纽扣眼。它的株型直立，枝叶浓密，叶色浅绿，能长成形态良好的小灌丛。它的花具有浓郁而令人愉悦的茶香月季香。

　　我的一个孙女名夏洛特（Charlotte），尽管这款月季在她出生之前就已经命名，但我还是认为这花是以我孙女的名字而命名的。

植株大小: 90×75 厘米
注册名: AUSPOLY | 1993 年推出

番红花玫瑰（Crocus Rose）见第 207 页

　　这种月季长势低矮，枝条伸展呈拱形，得益于此，它极为强健。随着生长，它慢慢堆叠成一团繁密茂盛的灌木丛。花朵比那些中等大小的花略大一些，呈杯状莲座形，点缀在整个灌木上。花色从最初淡淡的柠檬色逐渐变成纯白色，小簇状花序与叶子搭配相得益彰。它们有淡淡的茶香月季香味。但是每年年初的时候，这种月季比较容易感染霉菌，不过比较轻微，一旦发生，立刻喷洒相关的药水，很容易加以控制，之后就不会再有什么问题。由于目前此类月季非常稀缺，所以我们倾向于将这种月季与其他的白花品种一起进行分类。

　　以"番红花基金会"（Crocus Trust）的名字命名，该基金会旨在帮助受结直肠癌影响的人。

植株大小： 120×90 厘米
注册名： AUSQUEST | 美国专利号 NO.14092 | 2000 年推出

黛丝德蒙娜（Desdemona）（右）

　　它有着漂亮的桃粉红色的花蕾，在微微展开的时候，花色中带有一些迷人的粉红色，最后盛开出美丽而纯洁的白色花朵。花形呈圣杯状，带有些曲线的花瓣可以营造出明暗相交的效果。随着花朵完全盛开，我们还可以一瞥其中漂亮的雄蕊。它的花朵能持续开放很久，即使在潮湿的天气中也能保持美好的花型。它具有浓郁的没药香气。黛丝德蒙娜是一种强健的灌木月季，株型宽阔。

　　以莎士比亚的戏剧《奥赛罗》（Othello）悲惨的女主角名字来命名。

植株大小： 120×90 厘米
注册名： AUSKINDLING| 美国植物专利申请 | 2015 年推出

格雷厄姆托马斯（Graham Thomas）

这可能是所有英国月季中最有名，也是世界上种植最广泛的月季之一。它之所以受欢迎，部分原因当然是因为它有一个如雷贯耳的名字，但其黄色花朵和美好的花香也非常出色。它的花呈杯形，具有罗伯特·卡尔金所描述的"清新的茶香月季香中带有一丝清凉的紫罗兰香"，它于 2000 年被授予亨利·埃德兰芳香奖章（Henry Edland Medal）。

不过，其植株的生长形态可能有些不尽如人意，直立且不整齐，但我们可以通过以三个或更多植株为一组的方式来种植，从而解决这一问题。它的叶子很吸引人，是典型的英国麝香月季，叶片光滑，浅浅的绿色令人感到愉悦。植株中等大小。尽管格雷厄姆·托马斯已经不被大家认可为英国月季的顶级品种，但它依旧富有价值，尤其是它的颜色在英国月季中是独一无二的，在其他月季中也很少见。2000 年，它被英国皇家国家月季学会（Royal National Rose Society）授予詹姆斯·梅森（James Mason）芳香奖。2009 年，它被世界月季协会联合会评选为全球最受欢迎的月季。

以 20 世纪下半叶英国园艺界最伟大的人物之一格雷厄姆的名字命名。格雷厄姆是我们园艺场的常客，给了我们很多鼓励和建议。我们有着 50 多年的友谊，直至他在 2003 年去世。这是格雷厄姆·托马斯自己选择的一款月季，并一直深爱。

作为藤本月季

格雷厄姆·托马斯作为藤本月季来培育比作为灌木会更好。实际上，它是英国最好的藤月之一，它可以很容易地攀到 3 米高的墙壁上，它能从初夏开始持续开花。

植株大小： 120×120 厘米
注册名： AUSMAS | 1983 年推出

珍妮奥斯汀（Jayne Austin）

它有着英国麝香月季中最精致的花朵，花色杏黄，花瓣可爱、柔软，富有光泽，这是遗传自老怒塞特月季的特征。花朵的最佳表现是完美的莲座型。植株苗条，直立，都容易因为过于瘦弱而达不到理想状态。想要获得最佳状态的珍妮奥斯汀，必须三株一组种植。它的花有着传统的茶香月季的美好香味，还带有一点紫丁香的香气。经过适当修剪，植株能长至中等高度。

以我儿子詹姆斯·奥斯汀的妻子之名来命名，她是一位科学家。他们夫妻带着三个孩子住在约克郡。

植株大小： 100×75 厘米
注册名： AUSBREAK | 1990 年推出

艾玛汉密尔顿夫人（Lady Emma Hamilton）

该品种的花朵呈圣杯状而不是杯状。在英国月季里，像它这样的花色还没有出现过：花瓣里面是浓郁的杏橙色，外面则是泛了些红的黄色，随着更多的内部花瓣暴露出来，并且随着季节的变化，这种花色的平衡度也会发生变化。它的花香浓郁，带有柑橘和其他水果的香气。株型直立，但相当宽阔，叶子光洁清爽，小叶宽阔，抗病性也极好。它身上有着极少的利安德系月季的血统，总的来看，它还是属于英国麝香月季。

以纳尔逊勋爵（1765—1815）的情妇命名。

植株大小： 120×90 厘米

注册名： AUSBROTHER | 美国专利号 NO.17709 | 2005 年推出

利奇菲尔德天使（Lichfield Angel）

这种月季的花朵在初开时花型小巧，且呈迷人的桃红色，杯状，逐渐打开形成整齐的杯型莲座花，外圈的花瓣颜色是带点奶黄色的杏色，花瓣有蜡质感，紧紧包裹了大量的小花瓣。在花朵完全盛开后，花瓣翻折形成圆顶状，花色变成乳白色。从整体来看，它的花色更偏向于纯白色。植株充满活力，能生长成圆形灌木，花朵开在枝头，有些微微低头，看起来非常漂亮。利奇菲尔德天使在花境的设计中很有价值，它可以很好地和其他颜色的花搭配，特别是在粉红色与黄色花之间能起到很好的桥梁作用。它的花香淡淡的，但是在某一个阶段会散发出一股浓郁的丁香味。

利奇菲尔德天使（The Lichfield Angel）是一块 8 世纪的石灰石雕刻板，于近期在利奇菲尔德大教堂被发现。它描绘了圣查德（St. Chad）的形象，时至今日，仍带能看到撒克逊（Saxon）颜料的遗迹。我们的苗圃位于利奇菲尔德主教管区。

植株尺寸: 120×90 厘米
注册名: AUSRELATE | 美国专利号 NO.18702 | 2006 年推出

女仆马里昂（Maid Marion）

女仆马里昂表现好的话能开出非常精美的花朵。花苞初展时呈圆圆的杯型，较大的外层花瓣把大量的花瓣裹在里面，最终盛开成标准的碟状莲座状的花，外花瓣则营造出一个完美的圆环。花色呈纯净的玫瑰粉色。植株生长相对直立，枝叶茂密，株型紧凑。在花朵初开的时候，它的花香是柔和的没药香，随后变成一种明显带有丁香风味的果香。

女仆马里昂（Maid Marion）是舍伍德森林（Sherwood Forest）中的神话英雄罗宾汉（Robin Hood）的同伴。

植株大小：90×90 厘米

注册名：AUSTOBIAS | 美国专利号 NO.22972 | 2010 年推出

魔力光辉（Molineux）

严格来说，魔力光辉不算是典型的英国麝香月季，反而更像是古典茶香月季。但是，对于任何一个想在正式的玫瑰花床上种植英国月季的人来说，这可能是一个最佳选择。魔力光辉的植株矮小，长势均衡，枝叶也不算茂密，就像杂种茶香月季或丰花月季一样，而且几乎全年不停开花。植株抗性好，几乎没什么病害。

它的花朵呈中等大小，有着浓郁的黄色，花瓣整洁有序呈莲座状。花朵在麝香的基调上，散发着茶香月季的香气特征。若说魔力光辉有什么缺点的话，就是它缺乏古老月季的魅力，而这种魅力正是我们在英国月季中一直迫切寻找的。魔力光辉可能是我们的月季中最不耐寒的品种：英国的冬天非常寒冷，它的枝条很容易被冻伤，被迫缩剪，因此，我不推荐在寒冷地区种植这种月季。

2000 年，英国皇家月季协会（Royal National Rose Society）授予魔力光辉金奖、年度最佳月季总统奖杯和年度最佳芳香月季亨利·埃德兰奖章。

因伍尔弗汉普顿流浪者足球俱乐部（Wolverhampton Wanderers Football Club）前主席杰克·海沃德爵士（Sir Jack Hayward）而得名，魔力光辉（Molineux）是其体育场的名称。我敢肯定，这是唯一以足球场命名的月季。

植株大小： 60×90 厘米
注册名： AUSMOL | 1994 年推出

飞马（Pegasus）

　　飞马与其他英国月季的区别在于，它是与早期的杂种茶香月季二次回交的结果，并且与怒塞特月季也有血缘关系。从外观上看，它与杂种麝香月季泡芙美人（Buff Beauty）没什么不同。飞马的枝杆光滑，几乎没有刺。花朵呈莲座型，它的杏黄花色看上去非常诱人。它的花瓣很厚，所以花型能够保持很久，适合作为切花月季。花香是茶香月季的香型，特别浓郁。枝条拱形，花朵开在茎上略微下垂，形态迷人。它的叶子坚硬，具有良好的抗病能力，这点也像茶香月季。

　　以希腊神话中的有翼的马而得名。

植株大小：120×100 厘米
注册名：AUSMOON| 1995 年推出

阳光港（Port Sunlight）

这种月季的花朵呈中等大小，花色是杏黄色，颜色逐渐由内向外变淡。花型呈扁平的莲座状，在花朵的中心处，花瓣微有些四等分的样子。花朵带有浓郁的茶香月季香。植株的新叶，包括幼茎，在最初的时候呈古铜色，后逐渐变成深绿色。它具有极强的抗病能力，总体来看，这是一个优良可靠的品种。

它以威廉·赫斯凯斯·利弗（William Hesketh Lever）建造的威勒尔（Wirral）模型村命名，那里有一个美丽的英国月季花园。

植株大小: 150×100 厘米
注册名: AUSLOFTY| 美国专利号 NO.19875 | 2007 年推出

瑞典女王（Queen of Sweden）

瑞典女王是一款很别致的月季，且清新、迷人。它的花朵从初开到盛放都是那么完美。从可爱的小花蕾逐渐开成微微合起来的杯型花，最终盛开为有着波浪曲线的莲座状花，在整个盛放过程中花瓣不散，这也是它的花朵特别美的地方。它的花色呈柔和的粉红色，随着花朵老去，会带有一些杏黄色。其植株较矮，枝条直立，枝叶浓密，有着小小的麝香月季的叶子，植株的抗病性极强。瑞典女王作为鲜切花布置在室内也非常不错，花枝插水能保持好几天。它的花有着淡淡的没药香味。

我们非常荣幸也很高兴接受这个要求，将这款月季命名为瑞典女王，以庆祝 1654 年瑞典女王克里斯蒂娜（Queen Christina of Sweden）和大英帝国的奥利弗·克伦威尔（Oliver Cromwell of Great Britain）之间缔结《友好和贸易条约》350 周年。

植株大小: 100×75 厘米
注册名: AUSTIGER| 美国专利号 NO.17150 | 2004 年推出

罗尔德达尔（Roald Dahl）

　　这是一款开花性非常好的月季品种。橘红色的花蕾色调柔和，让人联想到桃子上晕染的腮红色，花蕾打开以后，花朵呈现出桃红色，完全盛放后形成杯状莲座形的花，花朵中等大小，开花连续不断。它们有着中等强度的花香，呈茶香月季的香味，带有点绿叶的调子以及黑果[1]的香味。成株为圆形灌木，叶子呈中绿色，枝条上几乎没有刺。

　　为庆祝世界上最受欢迎的作家之一罗尔德·达尔（Roald Dahl）100周年诞辰而命名。

植株大小: 120×90 厘米
注册名: AUSOWLISH| 美国植物专利申请 | 2016 年推出

1　黑果（Dark Fruit）主要是指黑莓和黑加仑，英国有以这两种浆果做的饮料，在葡萄酒的品酒中也有黑果味，其味道相对较浓郁。

权杖之岛（Scepter'd Isle）

如果你想在花境的前面或是月季花床的边缘种上一些矮小的月季，这个品种是不错的选择。它的植株矮小浓密，开花性好，几乎在整个夏季持续开花，它与遗产月季很像，也有相关性。它们的花朵同样都呈杯状，中心呈柔和的粉红色，外侧的花瓣呈淡粉色。

然而，权杖之岛的叶子更接近杂种茶香月季，其花香强烈浓郁，是一种基于没药的香味，这种香味源于康斯坦斯普赖这款月季，后来它成为典型的英国月季的香味特征。权杖之岛获得了英国皇家月季协会的亨利·埃德兰（Henry Edland Medal）的芳香奖。

这个名字来自莎士比亚的《理查德二世》（Richard II）中冈特的约翰（John of Gaunt）的演讲，在演讲中，他表达了对英国的热爱。

植株大小： 90×75 厘米
注册名： AUSLAND｜美国专利号 NO.10969｜1996 年推出

云雀（Skylark）

　　我们一直渴望为我们的英国月季带来尽可能多的植株型态、花香味和生长特性，云雀是一个很好的例子。它的花半重瓣，打开呈杯状，中心雄蕊突出。花朵初开的颜色呈深粉红色，后逐渐变成淡紫色，花的中心还有一小块白色的区域。云雀的花散发着一种淡淡的但令人愉悦的香味，这是一种混合了麝香月季和茶香月季的花香味，还有一点丁香和苹果派的味道。其植株生长姿态轻盈、疏朗，成株的灌木形态看上去自然、圆润。将它种植在混合花境的前面，与那些灌木和多年生植物种在一起，是一个不错的选择。

　　这个名字是伊丽莎白修女（Sister Elizabeth）提出来的，她记得她第一次来我们苗圃的时候，看到了一只云雀，并听到了动人的鸣叫声。

植株大小：90×60 厘米
注册名：AUSIMPLE | 2007 年推出

运茶快船（Tea Clipper）

　　我们希望英国月季能有更丰富的变化，而不仅仅像大多数现代月季那样，只是在花色上有一些改变，每一个新品种都应该有其自身的特征和不一样的美。运茶快船有着一种类似于格蕾丝月季（见186页）的浓郁杏色，不过在其他方面，它们可没什么相似性。它的花型呈不怎么标准的莲座状，花朵四等分，每个部分都有一个纽扣眼，这样的花型能保持到最后。它的植株高大直立，花朵绽放在枝头，微微下垂。它的枝条完全没有刺，特别健康。花香是茶香月季、没药和水果香的迷人混合，但是有时候你闻到的可能是很纯的柑橘味。

　　运茶快船是最后也是最好的帆船。

植株大小：120×90 厘米
注册名：AUSROVER | 美国专利号 NO.18699 | 2006 年推出

朝圣者（The Pilgrim）

一直以来，我们都认为朝圣者是一种中等大小的灌木月季，我们也把它当作灌木来培育种植，且它向来也表现良好。后来发现，将它培育成藤本月季，竟然有了更好的表现。一个听起来有些奇怪的事实是，一些优良的小灌木月季如果被培育为藤本月季，它们往往会生长得更好，尤其是英国麝香月季。朝圣者自然也不例外，它们的花朵比中型花还大一些，呈漂亮的浅杯状莲座，花色是中黄色，边缘逐渐变淡，整体较为柔和，非常讨人喜欢。它的花香介于经典的茶香月季和没药香味之间，并在两者之间取得了非常好的平衡。朝圣者的绿色叶子柔软茂密，与花朵相得益彰。

以乔叟的《坎特伯雷故事集》（*The Canterbury Tales*）中的朝圣者命名。

作为藤本月季

这个品种可以靠墙长至 3 米以上。

植株大小：120×90 厘米
注册名：AUSWALKER |1991 年推出

云雀高飞（The Lark Ascending）

　　这种月季的花朵中等大小，花色呈淡雅的杏黄色，这些花朵从地面开始向上依次绽放，形成一个大型花序，最多的时候甚至可以同时开 15 朵。花朵盛开为杯状，20 片花瓣围绕花朵中央金色的花蕊排列，松散有序。它淡淡的香味介于茶香月季和没药之间。云雀高飞非常适合在混合花境中种植，它的植株高大、疏朗，灌丛状的生长方式以及优雅的花朵能与其他植物和谐搭配。它的抗病性也极强。

　　以拉尔夫·沃恩·威廉姆斯（Ralph Vaughan Williams）创作的音乐命名。

植株大小: 150×120 厘米
注册名: AUSURSULA | 2012 年推出

威基伍德（The Wedgwood Rose）

　　威基伍德的花朵很漂亮，中等大小，有时候也能开出大型花朵。花瓣柔软如薄纱，花色呈柔和的玫瑰粉，像是富有魅力的古老月季。外层花瓣有着可人的果香，而花心处则是丁香的香味。

　　这种月季的生长异常旺盛，能从基部抽出许多嫩枝，几乎疯长。它的叶子浓密，呈深绿色并富有光泽，植株有着极强的抗病性。

　　以 1759 年成立的一家著名陶器公司来命名。

植株大小：150×150 厘米
注册名：AUSJOSIAH | 美国专利号 NO.22032 | 2009 年推出

安宁（Tranquillity）

　　英国麝香月季以其完美的花朵闻名于世，安宁月季不辱此名。它整齐的花瓣形成一个漂亮的莲座花型。花朵在初开时呈淡黄色，盛开后变成纯白色，有着柔和的苹果香味。这种月季花量很大，生长旺盛，株型直立茂密，是一种非常好的花园灌木，而且它的枝条几乎没有刺，非常健康。

植株大小: 120×90 厘米
注册名: AUSNOBLE | 2012 年推出

韦狄（Wildeve）

　　韦狄是一种特别强壮、健康的月季，呈拱形、分枝状生长，植株低矮，株径很宽，有点像铺地月季。它的花在月季中算是中等大小，但是和植株相比却显得相当大，非常美丽，它的外层花瓣把内部小而整齐的花瓣裹起来，形成了一朵完美的圆形花。花色呈柔和的粉红色，偏向于鲑红色，在花瓣的底部还带有一点点黄色，而外层花瓣则几乎是白色的，稍带一丝腮红，花瓣间有些光影反射足以提升花朵的整体效果。对于英国月季来说，它的叶子偏小，看起来非常干净，也不易感染病菌。它的花香浓郁，很不寻常，真的有点难以形容。

　　以托马斯·哈代的小说《还乡》（*The Return of the Native*）中的人物命名。

植株大小: 100×100 厘米
注册名: AUSBONNY | 美国专利号 NO.16403 | 2003 年推出

威廉和凯瑟琳（William & Catherine）

　　威廉和凯瑟琳的花朵呈经典的浅杯状花型，花瓣如古老月季般饱满，看上去特别美丽。它中心的花瓣都有些往内折叠的趋向，形成一个小小的纽扣眼。花朵初开时的颜色呈柔软的奶油杏色，但很快就会褪成奶油色，然后变成白色，整体给人的印象还是非常白的。它的花香浓郁，有着很纯的没药香。这种月季的株型相对直立，枝条浓密，健康迷人。

　　为了庆祝 2011 年 4 月 29 日在威斯敏斯特大教堂举行的威廉王子（Prince William）和凯瑟琳·米德尔顿（Catherine Middleton）的王室婚礼，我们荣幸地为这种月季命名。

植株尺寸: 100×90 厘米
注册名: AUSRAPPER |2011 年推出

威斯利 2008（Wisley 2008）

　　这是一种雅致迷人的月季，也许可以说比我们所知的任何其他月季都要美。它的花朵呈浅杯状，直径约 7.5 厘米，花瓣排列形成一个完美的莲座。花色呈非常纯净的粉红色，外部花瓣在靠近边缘处逐渐变成白色。它甚至有点像古老的阿尔巴白蔷薇。植株高大呈优雅的拱形，花朵绽放在茎上，看起来既精致又充满活力。它的花香闻起来令人愉悦，有着新鲜的果香味，并带有一丝覆盆子和茶香月季的芳香。在花园中无论规整还是自然区块，它都是很好的选择，哪怕只是作为树篱，这种月季都是一个非常不错的选择。

　　以英国皇家园艺协会威斯利花园来命名，那里种植了许多英国月季。我们过去也曾给一款月季取名为威斯利，虽然很漂亮，但没有达到我们所要求的植株健康标准。

植株大小：150×100 厘米
注册名：AUSBREEZE ｜ 美国专利号 NO.20962 ｜ 2008 年推出

4

The English Alba Hybrids
英国阿尔巴杂种月季

　　我一直很喜欢古老的阿尔巴白蔷薇（Alba Roses），在我看来，它是古老月季之美的精髓所在。最初，对于在整个育种程序中使用白蔷薇能获得什么结果，我们并没有清晰的思路。但最终，我们培育出了一组精致又魅力十足的月季。

　　古老的阿尔巴白蔷薇可以追溯到中世纪，它可能是法国蔷薇和英国乡村常见的犬蔷薇自然杂交的结果。它们曾被看作是树蔷薇，因为它们的株型呈树状，而不是沿着地面匍匐生长，通常，很多古老月季在长出地面之后都有些横向生长的趋势。它们通常拥有吸引力的灰绿色叶子，样子像极了犬蔷薇，但是颜色不一样。

　　我们是用古老的阿尔巴白蔷薇与英国古老杂种月季杂交而得到英国阿尔巴杂种月季，杂交的结果就是得到了一组新的月季，这些月季在总体表现上很接近原始的阿尔巴白蔷薇，比如似野蔷薇般精致的半重瓣的花。它们的花色有限，大部分都是白色，或者晕有粉色，就像原始的阿尔巴白蔷薇一样。但让人惊讶的是，出现了一款花色呈漂亮猩红色的月季，我们叫它本杰明布里顿。以此为起点，我们希望未来能培育出更多花色来。

　　虽然在英国月季四个组系中，英国阿尔巴杂种月季的花香最淡，但它们的香味却非常好闻。不像它们的花色那么单调，它们的花香或是古老月季的香味，或是没药香、麝香，抑或是茶香月季的香味，总是不那么确定。

　　英国阿尔巴杂种月季继承了亲本月季强健的特征，我们希望这些来自阿尔巴白蔷薇的特征能一直保留下去。它疏朗、自然的株型，可以轻松地与花境中的其他植物搭配。在与其他的灌木植物混种搭配方面，它们也可能算得上是最好的英国月季。迄今为止，我们培育的品种数量还是很少，期望接下来可以有更多的英国阿尔巴杂种月季。

对页：银莲花月季代表了英国阿尔巴杂种月季的独特特征，轻盈，生长快速，它的花朵在不失去形状的情况下有着变化。

皇家庆典（Royal Jubilee）

它的花很大，呈漂亮的圣杯形状，花瓣弯曲，以至于我们可以瞥见里面的花蕊。它的花色为深粉色，有着可人的，浓郁和丰富的果香，还带着黑加仑的味道。令人欣喜的是，这种月季的生长有着英国阿尔巴月季的典型特征：植株充满活力、强壮，枝叶浓密，花朵在典型的阿尔巴叶子的衬托下显得尤其优雅。植株非常健康，复花性好，枝条几乎无刺。

为庆祝伊丽莎白二世女王（Queen Elizabeth II）钻禧而命名。

植株大小：140×90 厘米
注册名：AUSPADDLE | 2012 年推出

斯卡布罗集市（Scarborough Fair）

　　月季的花朵大小往往给人留下深刻印象。但是这个品种的花朵尽管很小，花型普通，半重瓣，呈簇状，却在朴实、简单中蕴藏着独特的魅力。斯卡布罗集市在花朵初开时，花瓣内卷呈球形，后逐渐开放成一个精致的杯型花朵，露出金色的花蕊，花朵在盛开的每一个阶段都富有魅力。从初夏到秋天，斯卡布罗集市持续开花，肆意绽放，非常适合种植在花境的前部，它漂亮似苹果花，很容易和其他各种花色的植物搭配。它的株型低矮，宽且密，呈整齐且圆润的小型灌木形态。叶子很小，小叶与其他方面，都与阿尔巴白蔷薇相似。它的花香不是非常浓郁，呈清新的古老月季的香味，有时又有点倾向于麝香，令人愉悦。

　　以中世纪的英国民歌命名，这首歌因西蒙（Simon）和加芬克尔（Garfunkel）的演唱被大众熟知。

植株尺寸：75×60 厘米
注册名：AUSORAN | 2003 年推出

绯红夫人（The Lady's Blush）右

这是一个迷人的半重瓣品种。尖尖的花蕾非常优雅，花朵呈圆圆的杯型花。花色柔和呈粉红色，带有乳白色的花心，我们还能在花瓣上看到白色条纹。与所有半重瓣月季一样，它有一个非常重要的特征，就是花朵中心的雄蕊。绯红夫人在这方面尤其出色，雄蕊呈漂亮柔和的黄色，上面的花粉呈亮丽的金黄色，雄蕊附着的花托上还有一个明显的红色环，增强了这种效果。这种月季美丽自然，给人的感觉是清新且优雅。绯红夫人的植株非常健康，适合运用到各种花境的设计中，特别是在一年生和多年生植物混合的花境设计中，它呈现的效果特别好。它圆形的株型枝叶浓密，富有吸引力。

因《女士》（*The Lady*）杂志创刊 125 周年而命名。

植株大小： 120×90 厘米　　**注册名：** AUSOSCAR | 2010 年推出

银莲花月季（Windflower）见第 257 页

许多有眼光的人看到这款月季，都会称赞这是最美的英国月季之一。当然，不是谁都会认同这种说法，但毫无疑问，它的花朵的确迷人，有着野蔷薇的美感，除了英国麝香月季中的巴特卡普，其他任何花园月季都很难与它相提并论。植株高而精致，长势开阔，具有强烈的阿尔巴白蔷薇的印记，在花园月季中具有独特的魅力。它的花朵轻盈，花型呈杯形，花色柔和呈粉红色，微微有些紫丁香的色调。花朵绽放在叶子上方的细细的花茎上，它的叶子又像是犬蔷薇那样细细尖尖的。这些特征给了银莲花月季独特的美感，给英国月季花境带来了一些柔软的感觉，在花境中与其他植物搭配亦是非常契合。它的花朵散发着古老月季的香味，带有苹果和肉桂的气息。

我们选择以银莲花（Anemone）的名称来命名该月季，因为它的花朵有着银莲花的优雅和风度。

植株大小： 120×90 厘米　　**注册名：** AUSCROSS | 1994 年推出

5 Some Other English Roses
其他英国月季

就好像英国月季与现代杂种茶香月季和丰花月季有着很大的不同，英国月季本身也有着不同的特征，可以分为五个不同的组系：古典杂种月季、利安德系、英国麝香月季、英国阿尔巴杂种月季以及藤本英国月季。事实上，不像杂种茶香月季那样，我们的目标是希望每个组系的月季都有尽可能丰富的多样性。我们通过选用更多不同的亲本，有些可能从来没有被用过，当然这就产生了一个结果，一些月季品种无法归类到任何一个组系里去。我在这里列的六种月季就是这种类型的月季品种。

伊莫金（Imogen）

伊莫金是一种极为健康和丰花的月季，具有自然的光彩和魅力。它的花蕾尖尖的，开出柔和的柠檬黄色花朵，盛开后的花朵圆润，呈中等大小，许多精致的褶皱花瓣围绕花朵中心的纽扣眼排列，非常有特色。在花朵盛放之后，花色逐渐变淡至几乎奶白色。花香淡而宜人，有着一丝苹果的香味。这种月季植株强健、挺直，叶片中带有绿色光泽，引人注意。

以威廉·莎士比亚的戏剧《辛白林》（*Cymbeline*）中辛白林国王的女儿、波塞摩斯（Posthumus）的贤妻命名。

植株大小： 120×90 厘米
注册名： AUSTRITCH| 美国植物专利申请 |2016 年推出

邱园（Kew Gardens）

　　这不能算是真正的英国月季，但为了方便起见，我们将其列在此处，因为它与我们的杂种麝香月季有一定的关系。它的花小并且单瓣，枝头花朵呈很大一丛，成簇如绣球，开花从初夏到夏末连续不断。花蕾的颜色呈柔和的杏黄色，盛开后的花朵呈纯白色，仅在花心处有点柠檬黄。花后易结红色的小果，建议摘除以促进开花。这种月季非常健康，枝条几乎无刺，是比较特别的一个月季品种。花香略带麝香味。它的植株挺直，枝叶浓密，非常适合种植在花境的后面，以两三株或更多植株为一组来种植，花期时大量白色花盛开，如雪一般。如果想要种出密集又壮丽的开花树篱，这种月季特别适合。

　　为庆祝邱园建立 250 周年，我们命名了此月季。我们很高兴拿到了一个项目——重新种植著名的邱园棕榈屋后面的玫瑰花园，将其恢复到 1848 年的原始布局，我们做了一个美妙的搭配，将英国月季、古老月季和其他灌木月季混植布置。

植株大小: 150×90 厘米
注册名: AUSFENCE | 2009 年推出

烈骑（Lochinvar）

这是与苏格兰蔷薇杂交后获得的一个全新的月季品种。苏格兰蔷薇（Rosa Spinosissima）[1] 是极富魅力的小蔷薇，特别耐寒且几乎无病。新品种从苏格兰蔷薇那儿继承了很多此类优良的特质，我们期望它也能如苏格兰蔷薇那样枝叶浓密，但是偏偏它长得偏苗条了一些。不过还好，它具有出色的复花能力，当其他月季处于休眠的时候，它却一直在那儿绽放。正如我们期望的那样，它的花朵淡雅温和，有着富有魅力的古老月季的香味。花色呈柔和的腮红，由内往外逐渐变淡。它有苏格兰蔷薇那样的小叶子，并且完全无病。

以沃尔特·斯科特爵士（Sir Walter Scott）的诗名命名。

植株大小： 120×90 厘米
注册名： AUSBILDA | 2002 年推出

---

1 苏格兰蔷薇是密刺蔷薇（拉丁学名：*Rosa spinosissima*）的一个变种。

安妮公主（Princess Anne）

　　这是在月季育种过程中获得的一个令人振奋的发展，它具有与我们所知的其他月季完全不同的总体特征，有着独特的美感，却保留了英国月季经典的重瓣花。我们很难用一张照片来描述它的美。它刚开放的花色呈深粉红色，接近红色，随着花朵的盛放花色逐渐变淡为纯深粉色。花瓣的下面有淡淡的黄色。花瓣很窄，花朵异常丰满。

　　植株直立生长，叶子浓密、肥厚有光泽。它的抗病性很强。花期也长，花朵簇生，相继绽放。有中等强度的茶香月季香味。株型紧凑，枝叶浓密，使其成为花境的理想之选，也是树篱的好选择。

　　我们很荣幸以皇家的公主来命名这款月季。安妮公主是残疾人骑行机构（Riding for the Disabled）的赞助人，该慈善机构为残疾人提供治疗、成就和享受的机会。

植株大小： 90×60 厘米

注册名： AUSKITCHEN | 美国专利号 NO.23099 | 2010 年推出

苏格兰圆帽 (Tam o'shanter) [1]

英国月季的基本特征之一就是，不同品种之间存在很大的差异，这大大增加了我们从中所获的乐趣。实际上，苏格兰圆帽的花朵是古老月季中英国月季的典型代表，它的枝条长，匍匐枝优美，花朵开满枝条，有点像原生种蔷薇的形态。花朵呈典型的古老月季的莲座型。花色呈深的樱桃红色，当花完全打开后会泛出淡淡的紫色，散发着淡淡的水果香。这是一种非常健壮的灌木，布置在自然形态的花园或是混合式花境中特别好看。

它的名字是为了纪念罗比·伯恩斯 (Robbie Burns) 诞辰 250 周年。汤姆·奥桑特 (Tam o'shanter) 是他最著名的一首诗歌里的英雄，在诗中，这位英雄在集市过后待在旅馆，因为停留了很长时间而躲过了女巫。

植株大小: 180×150 厘米
注册名: AUSCERISE | 2009 年推出

1　这种月季在国内一般称它为苏格兰圆帽，也有直接音译为汤姆奥桑特。

托马斯贝克特（Thomas à Becket）

托马斯贝克特与一般的英国月季有着很大的不同，它更接近那种呈自然生长的灌丛状月季。花朵浅杯状，随着花朵盛放老去，花瓣会很快反折，开成不那么规则的莲座型花。迷人的花朵绽放在中等大小的花序上，花色从猩红到胭脂红不等，有着强劲的古老月季的香味，并带有浓厚的柠檬味。这是一种很健壮的月季。

坎特伯雷大教堂（Canterbury Cathedral）的当局邀请我们为这朵月季命名，对此我们感到很荣幸。

植株大小: 120×90 厘米
注册名: AUSWINSTON | 2013 年推出

6 The Climbing English Roses
藤本英国月季

　　如前所述，藤本英国月季不是通常意义上的藤本植物，它们其实是英国灌木月季，只不过它们的枝条能像藤本植物那样生长（见第 77 页）。我们将藤本月季和灌木月季视为完全不同的品种，好像不是很妥当。比如，现在我们培育的大多数月季，类似茶香月季，都是适合在玫瑰花床上栽种的矮生种，英国月季虽然也是灌木，我们却可以将其修剪到任意高度。但是，也有一些品种可以毫无疑问地说是藤本月季，也就是我在这里会介绍的，像克莱尔奥斯汀（Claire Austin）、马文山、莫蒂默赛克勒、雪雁和慷慨的园丁。即使在这些月季中，莫蒂默赛克勒、克莱尔奥斯汀和慷慨的园丁也可以种植为灌木，只不过，植株在形态上会有些松散。

　　请参阅第二章节中的个别说明，以了解适合作为藤本的月季，例如"福斯塔夫"（见第 122 页）。

克莱尔奥斯汀（Claire Austin）

　　白花月季的确有其特别之处，而且无论在英国月季还是杂种茶香月季中，真正好的白花月季很是稀有，因为白花月季很难繁殖。克莱尔奥斯汀的杯状花蕾带有淡淡的柠檬色，渐渐打开，形成典型的英国麝香月季的大而乳白色的花朵；它们的花瓣完全同心圆放置，中间更松散地排列。它们以没药香为基础，散发出淡淡的草地甜菜、香草和天芥菜气息。它能形成一个优雅的、拥有匍匐枝的灌木丛，具有丰富的中绿色叶子，并且结实，几乎没有疾病。无疑，这是迄今为止我们最好的白月季。作为一个优秀的藤月，它的花朵将以最令人愉悦的方式攀附在高处。它也是英国杂种麝香月季的一员。

　　克莱尔·奥斯汀（Claire Austin）是大卫·奥斯汀（David Austin）的女儿。她有一个苗圃，苗圃里有非常美丽的鸢尾、芍药和萱草。

作为灌木

　　这朵玫瑰也可能长成 140×90 厘米的灌木

植株高度：2.4~3 米
注册名：AUSPRIOR | 美国专利号 NO.19465 | 2007 年推出

马文山 （Malvern Hills）

　　与大多数藤本英国月季不同，该品种可以生长到相当高的高度，至少 4.5 米，有时甚至更高。它可以被归类为重复开花的蔓生月季，因此是非常重要的一个品种，到目前为止，我们能介绍的此类月季还很少。它的花序呈中小型簇状，花朵直径约 5 厘米，花色是浅黄色，后变成淡黄色，花朵呈莲座型，中心形成一个纽扣眼。花朵有令人愉悦的麝香月季的香味。与大多数英国月季不同，马文山并不真正适合作为灌木生长。它生长旺盛，枝条细长，有着光滑的叶子和小叶。它非常适合攀附在拱门和格架，也可以人为地引导它去攀爬其他的灌木或是一些小型的树木。它具有近乎完美的抗病性，在养护上不会带来任何麻烦。它有一个特别好的习性，就是在花期后，枝丫处会长出新的花枝。总而言之，它并没有我们期望的那么勤花，如果要让其生长到如此高度，并全年开花，那可真的没那么容易。

　　以我们苗圃南部不远的美丽山脉命名，曾经是作曲家爱德华·埃尔加爵士的故乡。

植株高度：4.5 米
注册名：AUSCANARY | 2000 年推出

莫蒂默赛克勒（Mortimer Sackler）

一种很不寻常的藤本月季，有着简单的美。花朵呈中等大小，半重瓣，花色呈柔和的腮红色，带着可人的古老月季的香味，还带有一丝美味的水果味。叶色很深，而且叶端很尖。株型直立，枝条几乎无刺。植株非常健壮，并能很好地复花。

植株高度： 3~3.6 米

由思瑞萨·萨克勒（Theresa Sackler）以她丈夫的名字来命名。

作为灌木

出乎意料的是，莫蒂默赛克勒可以作为花境后部灌丛来培育，它长长的枝条上绽放的花朵，远高于其他植物。通常英国月季都是呈拱形生长，直立生长的莫蒂默赛克勒算是一个很大的变化。它也属于英国麝香月季。

植株高度： 180×90 厘米
注册名： AUSORTS | 2002 年推出

雪雁（Snow Goose）

这种开着一大簇白色绒球花的月季与弗朗辛奥斯汀（Francine Austin）几乎一样，但是，雪雁的性格略有不同，因为多头紧密堆积，闪亮的白色花朵的花瓣长短不一，效果就像雏菊一般。像弗朗辛奥斯汀一样，以严格的标准来说，它并不具有英国月季的资格，也许可以更好地将它形容为重复开花的蔓生月季。的确，与灌木相比，它更像是藤本月季。它的生命力很旺盛，并且非常健壮，抗病性极强，并且很容易达到墙壁上几米甚至更高的高度。枝条几乎无刺。花朵有麝香月季的甜香。雪雁是一种非常可靠的月季，可以很好地重复开花。

植株高度：3 米
注册名：AUSPOM | 1996 年推出

奥尔布莱顿（The Albrighton Rambler）

这个品种与莱克夫人（The Lady of The Lake）都是我们为数不多能重复开花的蔓生月季的重要成员。（上一个推荐的同类型月季是2000年的马文山。）尽管重复开花的蔓生月季数量很少，但它们在英国月季系列中起到了重要的作用——为花园提供了更多的功能和用途。大部分的蔓生月季一年只能开一次花，奥尔布莱顿之所以与众不同，就是因为它有复花性。它的花朵小小的，呈杯状，有着完美的复瓣，花色呈柔软的粉红色，边缘变淡至腮红，花序呈簇状，优雅地悬挂在枝条上。花朵有淡淡的麝香味。花瓣排列精美，中心有一个纽扣眼，外形有着非凡的魅力。这种健壮的蔓生月季在缺乏照料的情况下依旧表现良好，花朵也不受雨水的影响。

以我们的苗圃所在的奥尔布莱顿村命名。

植株高度：5 米
注册名：AUSMOBILE | 2013 年推出

慷慨的园丁（The Generous Gardener）

这是迄今为止我们培育的最重要的英国藤本月季。它的花型很漂亮，花色呈柔和的粉红色，由里向外逐渐变浅，直至白色。杯状花完全打开时会露出它们的花蕊，看上去宛如睡莲一样。花朵绽放枝头，看上去极为精致，散发着古老月季、麝香和没药的香气。不仅花朵漂亮，它还是一种长势强健的月季，能快速长成藤本月季的成熟姿态。它的叶子淡淡的，几乎呈灰绿色，是典型的麝香月季的特征。极为抗病。

为纪念国家花园计划（National Gardens Scheme）[1]75周年而命名，因为这些花园所有者的慷慨，使我们能够有机会看到如此多美丽的私人花园。

作为灌木

慷慨的园丁枝条呈拱形生长，可以长成美丽的大灌木丛，它是英国麝香月季的一员。

植株高度： 3.6~4.5 米
植株大小： 150×120 厘米
注册名： AUSDRAWN | 2002 年推出

1　英国国家花园计划创立于1928年，通过向公众开放私人花园，出售门票，提供茶点等服务为慈善机构筹集资金，现有3700多个英格兰和威尔士的私人花园加入了该计划。

莱克夫人（The Lady of the Lake）

　　这种月季有着细长而有弹性的枝条，花枝绽放着成簇的半重瓣花，花径大约 5 厘米。它的花朵精致可爱，花色浅粉，花朵具有开放的形态，露出漂亮的金色花蕊。花朵具有强烈的新鲜柑橘香气。莱克夫人是一种非常健壮的月季，能在整个夏季重复开花。

　　以亚瑟王传说中的阿瓦隆（Avalon）统治者命名。

植株高度： 4.5 米
注册名： AUSHERBERT | 2014 年推出

沃勒顿老庄园（Wollerton Old Hall）

　　沃勒顿老庄园具有强烈、温暖的没药香气，间杂了一丝杏和柑橘的气息，使其成为所有英国月季中最香的一种。它饱满的花蕾上闪烁着诱人的红色，逐渐打开形成圆形的酒杯状的花，花色呈柔和的杏黄色，最终变成淡奶油色。沃勒顿老庄园是一种特别健壮的藤月，易出徒长枝，非常适合攀墙，也是攀附花架、花篱的理想藤月，它几乎无刺。

　　以什罗普郡（Shropshire）的沃勒顿老庄园（Wollerton Old Hall）的名字来命名，该庄园位于我们的苗圃附近，是英国最美的私人花园之一。

植株高度： 3.6 米

注册名： AUSBLANKET | 美国植物专利申请 | 2011 年推出

7 The English Cut-flower Roses
英国切花月季

　　早在 1995 年，我们就开始将杂种茶香月季中的切花品种与英国花园月季中最好的一些品种进行杂交，来发展可作为切花的英国月季。现在，我们有了一些不错的品种，这些品种都具有典型的英国花园月季的花朵和芳香。

　　首先，切花月季插在水里，它的花朵需要比花园月季有更持久的开放时间。其次，我们认为切花月季的花朵也必须具有芳香，而现在市售的切花月季通常都没有香味。这里面的困难在于，芳香与花朵的持久性难以两全，花朵中含有的芳香油会促使花朵更快凋谢。妥协的结果就是，我们的月季花朵持久性没有无香的月季那么好。幸运的是，即使花香稍微缩短了花朵的盛放时间，但许多人还是更愿意选择有芳香的花。

　　英国切花月季保持了英国花园月季的美感，甚至更完美，因为它们一般都是在温室内被培育，不受天气变化的影响。这类花特别适合婚礼、晚宴和庆典这类有着特别需求的场合使用。

　　目前有六个品种，它们是：

辛白林（Cymbeline）的花朵呈美丽的深粉红色，盛开的过程中花瓣背面会逐渐形成淡紫色的色调。其花朵很大，花蕊平分成四份，且具有浓郁的没药香气。
AUSGLADE | 美国专利号 NO. 19161 | 2006 年

达西（Darcey）有明亮的深红色的花蕾，逐渐盛开，露出许多覆盆子果红色的花瓣，呈莲座状。绽放出丰富的紫色调，并露出诱人的花蕊。它具有淡淡的果香。
AUSCHARIOT | 美国专利号 NO. 22206 | 2009 年

朱丽叶（Juliet）精美的花朵呈柔和的桃红色，它是英国切花月季中最受欢迎的品种之一。它具有淡淡的茶香月季的香味。
AUJAMESON| 美国专利号 NO.17159 | 2004 年

米兰达（Miranda）是这组中月季花朵最大的一种。玫瑰粉色莲座状花非常漂亮，外花瓣有绿色条纹，这些花瓣最后会翻折把条纹挡住。它具有淡淡的果香。
AUSIMMON | 美国专利号 NO. 17267 | 2004 年

耐心（Patience）花蕾呈奶油黄色，盛开后花瓣充满褶皱，呈莲座状花，散发着带有一丝丁香和没药香的古老月季的香气。
AUSPASTOR | 美国专利号 NO. 19254 | 2006 年

罗莎琳达（Rosalind）腮红粉色的花蕾绽放出牡丹花般美丽的花朵，有浓郁而美味的果香。
AUSTEW | 2004 年

对页：从左至右：罗莎琳达（浅粉色）、达西（红色）、耐心（奶油黄色）、米兰达（粉红色）、朱丽叶（桃红色）和辛白林 [（Cgmbeline）深粉红色]。

8   Some Earlier English Roses
一些早期的英国月季

在过去的半个世纪里，我们一直在培育并推出英国月季的新品种，更优秀的新品种难免会替换掉一些旧品种。不少已从我们的名录中被删除的月季虽然自有其他优点，但它们也不可避免地存在一些缺点。

有些月季非常漂亮，但不够健壮，或生长缺乏活力；有些月季品种特别容易遭受病害的侵袭；还有一些月季品种，不少还是近期推出的，虽然已经投放到世界各地的花卉市场，但未能达到我们预期的效果。

限于本书篇幅，有几种月季虽被排除在我们的主要名录之外，但不能排除一个事实——这些月季中有一些在英国以外的气候条件下生长得非常好，若不是有其他的原因，我们是不愿意放弃它们的。我们也知道有人在收集我们所有的月季品种。

综上所述，有不少月季是我们的"老朋友"，我们可不愿意放手。所以列了以下月季品种，它们正在世界上的某些地方生长，且几乎所有的月季都可以在我们的苗圃里买到。

亚伯拉罕达比（Abraham Darby）

（利安德系）这是一种花量大，花、叶、株型都极为漂亮的英国月季，遗憾的是，易得锈病，需定期喷药。深杯状大花，花色呈杏黄色、黄色和粉色混合。有着浓郁、新鲜的水果芳香。150×150厘米

AUSCOT | 2000 年

安布里奇（Ambridge Rose）

（利安德系）杯状中型花，盛开后呈松散的莲座状。花色呈纯杏黄色，后期花瓣边缘逐渐变白。勤花。有着美好的没药香。100×60厘米

AUSWONDER | 1990 年

安妮（Ann）

（英国阿尔巴）花朵有着柔和的芳香。花色呈深玫瑰粉，中间略带一些黄色，偶有黄色条纹。绽放后会凸显出金色的花蕊。非常易于与其他植物搭配种植。90×90厘米

AUSFETE | 1997 年

芭芭拉奥斯汀（Barbara Austin）

（古老杂种）植株浓密，拥有典型的古老月季的花和叶子。花色呈腮红色，花朵芳香。偶尔会长出强壮但不开花的枝条。100×75厘米

AUSTOP | 1997 年

布莱斯之魂（Blythe Spirit）

（英国麝香）呈柔和纯黄色的杯状小花在整个夏季持续地绽放，带着淡淡的麝香。120×120厘米

AUSCHOOL | 1999 年

老伦敦（Bow Bells）

（古老杂种）开花量很大，枝叶茂密，高度中等。花朵芳香，花型圆润，呈纯玫瑰粉色。120×100厘米

AUSBELLS | 1991 年

布莱顿（Bredon）

（利安德系）一种矮小的灌木，重瓣莲座状花，花色浅黄。给予充足的水肥，它的复花性会非常好。90×60厘米

AUSBRED | 1984 年

卡德法尔兄弟（Brother Cadfael）

（古老杂种）深酒杯状花型，呈柔和的玫瑰粉色，花瓣微呈弧形。有着浓郁的古老月季香味。植株非常强壮，株型美好，中等大小。120×90厘米

AUSGLOBE | 1990 年

坎特伯雷（Canterbury）

（利安德系）有着大型的纯粉红色单瓣花，花瓣有丝质感。株型矮而圆润，优美，可惜的是植株缺乏活力。是最早的英国月季之一。花朵芳香。75×60厘米

AUSBURY | 1969 年

爱（Cariad）

（英国麝香）植株疏朗，叶色呈灰绿色。半重瓣的花朵呈玫瑰粉色，似山茶花。在花蕾时期呈没药香，带有一丝茶香味，盛开后呈辛辣的麝香味。抗病性极好。130×100厘米

AUSPANIER | 2010 年

查尔斯奥斯汀（Charles Austin）

（利安德系）高大，强壮。呈直立生长。大花，莲座型，浓郁的杏黄色。有着强烈的水果香味。是一个抗性很好的品种。150×120厘米。这个月季是以我父亲的名字来命名的。

AUSFATHER | 1973年

这个月季还有一个黄色品种，名黄查尔斯奥斯汀（Yellow Charles Austin）。

夏米安（Charmian）

（利安德系）花朵沉，重瓣，花色呈浓郁的粉红色，植株高度中等，生长呈拱形。很不幸，它的抗病性不是很好。花朵有很强的古老月季的香味。120×120厘米

AUSMIAN | 1982年

乔叟（Chaucer）

（古老月季）花朵大，重瓣，花型饱满，花色呈柔软的粉红色，至花瓣边缘逐渐变淡呈粉白色。遗憾的是，它的花瓣遇到雨水会变为深粉色。株型高大直立。花朵芳香。100×60厘米

AUSCON | 1986年

克里斯多夫（Christopher Marlowe）

（利安德系）莲座状花初呈深橙红色，后逐渐变淡至鲑粉色。植株较矮，生长呈拱形，后成长为小而圆的灌木。茶香怡人。75×90厘米

AUSJUMP | 美国专利号 NO. 14943 | 2002年

香槟伯爵（Comte de Champagne）

（英国麝香）露心，花型呈杯状，呈圆球形，花色是浓郁的黄色花，盛开后逐渐变为浅黄。花香是蜂蜜和没药香。枝条细软呈拱形。健康勤花。120×100厘米

作为藤本植物培育可长至3米甚至更长。

AUSUFO | 2001年

科迪莉亚（Cordelia）

（英国阿尔巴）花型呈杯状，半重瓣花，花瓣呈丝质，花朵初开呈玫瑰粉，后逐渐变淡。容易结果。植株浓密，小叶五片。植株健康，抗性好。100×90厘米

AUSBOTTLE | 2000年

科韦代尔（Corvedale）

（古老杂种）长枝，弧形，低养护。黄色呈纯玫瑰粉，杯型花，露心，有着极佳的视觉效果。具有强烈的没药香。150×120厘米

AUSNETTING | 2001年

英雅（English Elegance）

（英国麝香）大花型，花瓣大而散，花瓣上有粉红色、鲑鱼粉和铜黄色等多种颜色。植株较高，开花稀疏，但在温暖的气候下表现会更好一些。90×75厘米

AUSLEAF | 1986年

英国花园（English Garden）

（英国麝香）花朵漂亮，平展，花朵中央呈柔软的杏黄色，花瓣外层逐渐变淡。植株很矮，枝条直立生长，适合作为花坛月季。最好能定期喷药。淡香。90×75厘米

AUSBUFF | 1986年

美女比安卡（Fair Bianca）

（古老杂种）花色纯白，蕴有最纯正的古老月季的气息。枝条短而直立，枝叶稀疏，但在地中海气候下生长表现良好。没药香气浓郁。90×60厘米

AUSCA | 1982年

弗朗辛奥斯汀（Francine Austin）

（其他英国月季）仅开簇状花的英国月季，枝条长呈拱形，白色绒球状小花成簇。花香是甜美的古老月季和麝香月季的混合香味。90×120厘米

作为藤本，靠墙种植攀爬才能获得令人满意的表现。

AUSRAM | 1988年

格拉姆斯城堡（Glamis Castle）

（古老杂种）纯白色的杯型莲座状花。株型矮小，花朵有着强烈而美妙的没药香。需要喷洒药剂对抗病害。90×75厘米

AUSLEVEL | 1992年

快乐儿童（Happy Child）

（英国麝香）浅杯状大花呈浓郁的深黄色。叶子富有光泽，但对黑斑病的抵抗力不强，这种月季适合生长在干燥的气候环境中。花香是美好的茶香月季的香味。100×90厘米

AUSCOMP | 1993年

希瑟奥斯汀（Heather Austin）

（古老杂种）深粉红色的大花，花瓣反卷，展开的杯状型花，露心，可见金色雄蕊。植株富有活力。拥有美好的古老月季的香味，带有一丝来自花蕊的丁香味。120×100厘米

以我妹妹的名字命名。

AUSCOOK | 美国专利号 NO. 10618 | 1996年

仙女罗瑟琳（Heavenly Rosalind）

（阿尔巴杂种）中等花型，单瓣，花色呈柔和的粉色，勤花。株型高大，优美似野蔷薇。需偶尔喷洒药剂。140×120厘米

AUSMASH | 1995年

遗产（Heritage）

（英国麝香）迷人的杯状花，花朵呈中等大小，花色柔和呈粉红色，外层的花瓣逐渐变淡至白色。曾是月季界的宠儿，但不符合现在的标准了。果香味，带有康乃馨与没药基调。120×120 厘米

AUSBLUSH | 1984 年

珍妮特（Janet）

（利安德系）这种月季有着同茶香月季类似的花蕾，盛开后呈迷人的莲座型花。花色混合了深浅不一的粉色与铜红色。枝条长而呈拱形。有着很纯的茶香。120×100 厘米

AUSPISHUS | 美国专利号 NO. 16300 | 2003 年

作为藤本，它能长至 3 米以上。

约翰克莱尔（John Clare）

（古老杂种）花朵大小中等，花型呈不那么规则的杯状，花色是深粉红色，通常在秋天会有更好的表现。只有淡淡的香味。90×75 厘米

AUSCENT | 1994 年

利安德尔（Leander）

（利安德系）一种特别健壮的月季，有从小型到中型的莲座状花，花色是深杏色。利安德尔不算特别美，但即使生长条件很差，它的植株依然非常强壮。有令人愉悦的覆盆子香和茶香。180×150 厘米

AUSLEA | 1982 年

作为藤本，它能长至 3.6 米以上。

露西塔（Lucetta）

（英国麝香）花型大，半重瓣，花色呈柔软的腮粉色，盛开后逐渐褪色为白色。植株呈中等高度，枝条生长强健，呈拱形。芳香。150×120 厘米

AUSEMI | 1983 年

凯瑟琳莫利（Kathryn Morley）

（古老杂种）大型杯状花，花色呈粉红色，有着明显的古老月季的特征，且有淡淡的茶香月季的香味。漂亮但是易染病。100×75 厘米

AUSCLUB | 1986 年

利利安奥斯汀（Lilian Austin）

（利安德系）株型小而平展，半重瓣花，花色呈鲑粉色，是一种值得拥有的月季。120×120 厘米。以我母亲的名字命名。

AUSMOUND | 1973 年

马丽奈特（Marinette）

（古老杂种）一朵迷人的月季，有漂亮的茶香月季的花蕾，花色呈柔和的粉色，半重瓣花盛开后直径约 10 厘米，花色呈奶油色调的粉色。140×120 厘米

AUSCAM | 1995 年

抹大拉的玛丽亚（Mary Magdalene）

（古老杂种）一种有着真正古老月季特色的极为漂亮的月季，花色呈柔和的杏粉色，花瓣有丝质光泽。遗憾的是，它的抗病性不好，需要定期喷药。花香是浓烈的没药香。90×90 厘米

AUSJOLLY | 1998 年

玛丽罗斯（Mary Rose）

（古老杂种）细枝繁茂，花朵中型，浓浓的玫瑰粉色花瓣，比一般的月季有更好的持续开花的能力。淡淡的古老月季的香味，带些许蜂蜜和杏仁香。抗病性很好。120×120 厘米

AUSMARY | 1983 年

温彻斯特大教堂（Winchester Cathedral）是玛丽罗斯的白色芽变品种。

AUSCAT | 1988 年

雷杜德（Redoute）

除了颜色是较为柔和的粉色外，其他方面与玛丽罗斯完全一样。

AUSPALE | 1992 年

卡斯特桥市长 (Mayor of Casterbridge)

（古老杂种）花叶很有古老月季的特征。杯状花呈浅粉红色，花瓣背面的花色更浅。植株呈直立生长，富有活力。花朵具有淡淡的古老月季的水果香。140×75 厘米

AUSBRID | 1996 年

爱丽丝小姐（Miss Alice）

（古老杂种）一种迷人的月季，具有真正的古老月季的特征，植株矮，枝叶浓密。花色先是淡粉色，后逐渐变白。拥有迷人的古老月季的香味，带有一丝铃兰的幽香。90×60 厘米

AUSJAKE | 2000 年

多琳派克夫人（Mrs Doreen Pike）

（古老杂种）纯粉色花朵，具有明显的古老月季的特征，花朵大小中等，整齐的莲座型花。有着浓郁的老玫瑰香味。灌木呈拱形，非常整齐，叶子小，呈浅绿色。90×120 厘米

AUSDOR | 1993 年

贵族安东尼（Noble Antony）

（古老杂种）植株矮而浓密，花朵呈深紫红色。大量花瓣组成了深圆顶形花。有着浓郁的古老月季的芳香。90×75 厘米

AUSWAY | 美国专利号 NO. 10779 | 1995 年

奥赛罗（Othello）

（古老杂种）大型深杯状花，花瓣密集，呈深红色，后逐渐变成紫

色和淡紫色。植株中等高度，非常健壮，枝条多刺。有着浓郁的古老月季的芳香。100×90 厘米

AUSLO | 1986 年

帕特奥斯汀（Pat Austin）

（利安德系）花瓣松散，茎长，花型平展似盘，花朵内部为亮铜色，外部为淡铜黄色。拥有浓烈的茶香味，令人感到温暖和愉悦。叶子有光泽，抗病性比我们期望的要差一点。120×100 厘米

AUSMUM | 1995 年

桃花（Peach Blossom）

（古老杂种）中型花，半重瓣，花瓣光滑，几近透明。勤花，复花性好，开花后不及时修剪易结果。花香芳香。120×100 厘米

AUSBLOSSOM | 1990 年

帕蒂坦（Perdita）

（英国麝香）莲座型花，花色呈娇美的杏红色，有强烈的没药香。曾是非常好的一种月季，但以现在的要求来看，已经不能算作是最好的月季。120×90 厘米

AUSPERD | 1983 年

普洛斯彼罗（Prospero）

（古老杂种）一种非常美丽的深红色月季，花型完美。植株矮小，不是很强壮，需要多加施肥。拥有古老月季香。90×60 厘米

AUSPERO | 1982 年

皮卡第的玫瑰（Rose of Picardy）

（英国麝香）单瓣花呈鲜红色，花朵直径约 75 毫米，开花后结红色的果实，带来极佳的视觉效果。若想要持续开花，开花后需及时修剪。120×90 厘米

AUSFUDGE | 2004 年

夏莉法阿斯玛（Sharifa Asma）

（古老月季）初开呈浅杯状，在盛开时，花瓣逐渐折成完美的莲座型花，花色呈柔和的腮粉色，后逐渐变淡至白色。株型较矮。花香是果香味，让人联想到葡萄和桑葚。90×75 厘米

AUSREEF | 1985 年

爱德华埃尔加爵士（Sir Edward Elgar）

（古老杂种）重瓣花大而饱满，花色呈樱桃红。温暖干燥的气候条件，有助于形成稍疏朗的灌丛形态，使得植株更为健康，花香也更浓烈。100×60 厘米

AUSPRIMA | 1992 年

沃尔特·拉雷爵士（Sir Walter Raleigh）

（利安德系）有着特别大的半重瓣花，花型平展开，露心，花色明亮，呈暖暖的粉色。株型呈圆形，高度中等。拥有浓烈而令人愉悦的芳香。150×120 厘米

AUSPRY | 1985 年

修女伊丽莎白（Sister Elizabeth）

（古老杂种）花心处淡红色的花瓣很小，往外花瓣逐渐变大，开出的花朵平展。花色是略带丁香紫的粉红色小花，很是迷人。莲座状花型，中心形成一个纽扣眼，有着真正的古老月季的特征。花香甜美又带些辛辣的古老月季芳香。75×75厘米

AUSPALETTE | 2006 年

索菲的玫瑰（Sophy's Rose）

（古老杂种）浅红色的花瓣在中心位置较小，逐渐向外增大，导致开出异常平坦的花。花香是淡淡的

茶香。复花性非常好。植株纤细茂密，生长健壮。90×75 厘米

AUSLOT | 1997 年

圣塞西利亚（St. Cecilia）

（利安德系）杯状花，中型大小。花色呈浅杏黄色，随着花朵盛开，花色逐渐变淡至白色。浓郁的没药香味中带有一丝柠檬味。90×75 厘米

AUSMIT | 1987 年

天鹅（Swan）

（利安德系）植株强壮，株型直立，花朵是宽而饱满的重瓣花，白色，切枝瓶插能持久开放。气候干燥少雨的环境比较适合种植这种月季，它的花瓣遇雨水会留下颜色很深的斑点。花朵芳香。150×90 厘米

AUSWHITE | 1987 年

甜蜜朱丽叶（Sweet Juliet）

（英国麝香）杏黄色的整齐而规矩的莲座型花非常迷人。植株不是特别强壮，但是抗病性极好，不易染病。有着新鲜、浓烈的茶香，花朵盛开之后茶香会变为柠檬香味。100×90 厘米

AUSLEAP | 1985 年

塔莫拉（Tamora）

（古老杂种）植株矮而直立。花型大，重瓣，呈深杯状。花色杏黄。在温暖气候下，表现良好，很适合花坛种植。拥有非常浓烈的没药香。90×60 厘米

AUSTAMORA | 1983 年

亚历山德拉玫瑰（The Alexandra Rose）

（英国阿尔巴）小而精致的单瓣花，花色呈铜粉色至淡粉色，簇状花，勤花。花香是柔和的麝香

月季香。耐寒，抗病，复花性好。
140×120 厘米

AUSDAY | 1992 年

黑夫人（The Dark Lady）

（古老杂种）花色呈深红色，花型松散，株型高度中等，枝叶浓密。这是一种不错的月季。但是抗病性差。90×100 厘米

AUSBLOOM | 1987 年

费尔柴尔德
(The Ingenious Mr.Fairchild)

（利安德系）深杯状花，花瓣卷曲，花色呈深粉红色，带点丁香紫。外层花瓣的颜色较浅。带有覆盆子、桃子和薄荷的香味。抗病性强。150×100 厘米

我们相信它作为藤本月季的表现会非常好。

AUSTIJUS | 2003 年

修女（The Nun）

（英国麝香）这种月季颇有特色，花朵呈深杯状，半重瓣，白色，有点像郁金香。株型直立，高度中等，勤花，枝叶稀疏，抗病性差。花朵微香。120×90 厘米

AUSNUN | 1987 年

王子（The Prince）

（古老杂种）花型很美，花色是天鹅绒般的深红色，会迅速变为浓郁的紫色。植株矮且弱，需要极好的养护。在温暖的地区表现良好。75×60 厘米

AUSVELVET | 1990 年

修女院长（The Prioress）

（英国麝香）平展的半重瓣花，花色是白色带些腮红色。株型直立，生长旺盛，在夏末表现特别好。芳

香。120×90 厘米

1969 年

里夫（The Reeve）

（古老杂种）暗粉色球形花。枝条多刺，呈拱形。有着浓郁的老玫瑰香味。120×120 厘米

AUSREEVE | 1979 年

牧羊女（The Shepherdess）

（英国麝香）直立的株型以及极大的浅绿色叶子，说明它属于英国麝香月季系列。花朵呈中等大小，杯状，花色是柔软的粉红色，带有一丝杏色。带有柠檬味的水果香味。有复花性。90×60 厘米

AUSTWIST | 2005 年

乡绅（The Squire）

（古老杂种）非常美丽的一种月季，花朵重瓣饱满呈杯状，花色深红。植株矮而直立，枝叶稍稀疏，适合温暖的气候，亦需要很好的水肥照顾。拥有浓郁的古老月季的香味。90×75 厘米

AUSIRE | 1977 年

狂野埃德里克（Wild Edric）

这种月季强壮，即使条件恶劣，也能生长得很好，相当可靠。而且很容易开花，是极好的篱笆植物。花朵大，是半重瓣，花色呈深粉红色，略带紫色，后逐渐会变成淡紫色，小而密集的簇生花序持续开花。花朵有浓郁的香味。120×120 厘米

AUSHEDGE | 2004 年

巴斯妇（Wife of Bath）

（古老杂种）最早的英国月季之一。植株矮小，杯状花呈玫瑰粉色。枝条的顶梢特别容易枯死，但是植株本身有着惊人的耐性和活力。花

朵有着强烈的没药香。90×60 厘米

AUSWIFE | 1969 年

威廉莫里斯（William Morris）

（利安德系）重瓣，杯型花，杏粉色。植株高大，生长微微呈拱形，叶色淡绿。150×120 厘米。

AUSWILL | 1998 年

作为藤本，可长至 2.4~3 米

威廉莎士比亚 2000
(William Shakespeare 2000)

（古老杂种）花朵呈深杯状盛放，四分花型，有着浓郁的天鹅绒般的深红色花，后逐渐变成浓郁的紫色。有着浓郁温暖的古老月季的香味。株型整洁，直立生长。易得黑斑病。100×75 厘米

AUSROMEO | 2000 年

波西亚（Wise Portia）

（古老杂种）这是一种株型矮而浓密的月季，花朵非常漂亮，花色呈紫色和淡紫色。但是你要投入大量精力去培植养护，它才能有最好的表现。香味浓郁。75×75 厘米

AUSPORT | 1982 年

PART THREE

第三部分

ENGLISH ROSES IN THE FUTURE AND ROSE CULTIVATION

英国月季的未来和月季培育

1   The Future of English Roses
英国月季的未来

从我开始涉足育种"英国月季"这项工作以来，我们每年的育种计划都在稳步扩展。目前，我们能做到每年将约 15 万朵花进行杂交。当然，不是每一次杂交都能成功培育出种子，但基于这项努力，我们每年还是能成功繁育出大约 25 万株幼苗。

我们把这些幼苗种植在温室的苗床上，只要大约不超过四个月的时间，这些小苗就会开花。从中，我们会选出一些有前景的月季，大约有 8000 株花园月季和同样数量的切花品种。这些幼苗之后会被嫁接到我们苗圃的砧木上，第二年它们会长成灌木形状。在接下来的三年里，我们将对这些植物进行仔细评估，确定它们是否符合我们要培育的月季类型。最有前景的幼苗将被更大数量的繁殖，继而再持续观察三年。一直以来，我们都在寻找我们期望中那种拥有独特之美和自身特色的英国月季。当然，我们也要观察它们的生长情况，有些月季的确很有特色，但它们是否能长成令人赏心悦目的灌木，还是一个未知数。与此同时，月季的叶子是否具有美感也很重要，我们将花和枝叶形态作为一个整体来考量。另外，还要考虑花朵的香味，不仅要浓郁，更要迷人。

当我们评估一朵月季花的美学价值时，还有一系列的实用要点需要考虑。例如，月季的生命力是否够强？是否即使在经验不足的园丁手下，或是不太理想的条件下，月季依旧可以苗壮成长？我们要观察它能否在整个夏天持续、自由地开花。最后，同样重要的一点，我们要研究月季的抗病性，这是至关重要的，我们期待着有一天，大多数月季可以具备一定的天然抗病性，不再需要喷洒药剂。

所有上述因素会先记录在手提电脑上，然后传送到办公室的中央计算机里。久而久之，随着季节和岁月的流逝，对每一种植物及其能力我们都可以得到完整的数据，从而为其绘制出独有的画像。如果我们对某株幼苗感到十分满意，我们就会在月季基地大量繁殖，并在第二年推向市场。从开始杂交到园丁们拿到月季苗的那天，整个过程

对页：与大卫奥斯汀月季的育种经理卡尔·贝纳特（Carl Bennett）筛选月季。

需要至少8年。我们的成果是每年大约会推出6个新月季品种。有不少月季其实也相当漂亮，但因为缺少一些重要的品质，这些落选的月季，统统都被扔进了火堆。

用于切花的月季则不需要这么长的时间，因为它们一生都在温室下度过，所以我们可以更快地对其进行评估。我们对花的美丽和香味同样保持高要求，但也非常重视此类月季的生产力和采摘后花朵的持久力。

一旦某款月季达到了足够高标准的要求，我们就会把它的嫁接苗送往世界各地的苗圃。苗圃的工作人员将评估这些月季在不列颠群岛以外的气候中的生长能力，为我们反馈信息，帮助我们为英国月季未来的发展绘制更完整的蓝图。

未来

在培育一种全新的月季时，我们脑海中的头等大事，就是月季株型以及花朵的美丽和散发的芳香。至少对于花园月季来说，我们会非常关注这些。从现有的月季看来，我们认为这些要点还没达到最完美的状态。一直以来，我们都致力于追求更好的花园月季，期待它们可以和其他植物完美地搭配种植在一起，在大部分花园风景中显得更完美和谐。怀抱着此种追求，我们决心开发出成组的全新月季——古典杂种月季、利安德系月季、英国麝香月季和杂种阿尔巴月季，当然，还有藤本英国月季。每一种月季都彰显了自己独特的风貌。在几年的努力之后，一旦这几个系列的月季稳定下来，我们将遵循它们各自的特点加以培育，让它们在花园中绽放独特的魅力，占据独特的地位。

展望英国月季的未来，似乎有着无限的可能性。幸运的是，完美的月季永远不会出现。我们每培育出一株月季，就离梦想中的完美月季更近一步。这正是月季的天性。它拥有如此庞大的种类，如此纷繁的花型和株型。人类赋予了月季无数花瓣，让花瓣拥有了能创造出任何姿态的可能性。

变异本身并不意味着优越。在英国月季中，有些花朵的形态不具代表性，例如：单瓣、半重瓣花型从某种程度上就十分稀缺。但它们是赋予月季更美好形象的源泉，也是创造出更多优秀变种的基础。月季的优雅姿态和动人魅力与其株型息息相关。让花瓣再丰满一点，月季就会呈现出如牡丹一般的美丽。美丽的花有很多种，在我看来，花瓣繁多而雄蕊仍清晰可见的，就是其中一种。这种花难得一见，却为我们的研发方向指明了一个广阔空间。金色的雄蕊在花朵中，仿佛为花提供了一个闪耀的金色聚焦点，让整朵花熠熠生辉。

另一个潜在的开发领域是杂种茶香月季的花蕾。我一生花费很大努力希望人们能远离这种花，但如果真让它消失于世，我也会感到很遗憾。我们可以看一下蝴蝶夫人（Madame Butterfly）月季，当它在爬藤之中盛放，无人可以忽略它的美丽。我相信，如果我们能培育出这般有型的花蕾，让英国月季从含苞到盛放都能展现出美好，让这种美好盛放在姿态优雅的灌木之中，而非矮小的灌木丛中，那这种月季一定非常美丽。然而，虽然我们确实已经开发出了一点点如上所述的品种，但研发依旧是项艰苦的工作。

株型和枝叶上亦有很大的挖掘潜力，对此我们考量的不仅有植株的健壮和活力，也有它们自身的美感以及花朵于枝头绽放时的姿态。事实上，我们的目标是把植物作为一个整体去看，综合方方面面的因素，来创造美。

说了这么多，与其说是为了寻找新品种，不如说是在已有的月季中加以改进，让它们变得更加美丽。

前进的道路

其实不仅仅是月季，最后，我想就大众园艺植物的培育提出几点补充。

以园艺为目的，没有什么花是不可被改造的，虽然在某些情况下，改进的余地可能不大，实际上，任何花都不允许超出其能力允许的范围进行改造。改造花朵时，或许可以增加花朵的大小和颜色的艳丽程度，但这也必须与植物的自然美相平衡。

多变的时尚风格会影响到许多花园植物，就如同影响生活中的装饰物一样。这让人感到羞愧，但考虑到我们培育出了愈发成熟的花朵，从这一点来说也可以理解。育种者常常沦为市场力量的牺牲品。他们往往会找到一株比一般野生状态下花朵更大的植物，再以这株植物为出发点，培育出更大、更艳丽的花朵。这种努力通常是为了让花看起来更美，更适合成为一个花园植物。很快，在成功的喜悦还有可能随之而来的经济回报之下，育种者继续让花更大、更亮丽，让植物越来越多地开花。久而久之，这种行为形成了一种风气，一种规定，一种行业潜规则——甚至，很快，受追捧犹如"邪教组织"。然而，总有一天，类似这样的努力会适得其反。毕竟，如何让花朵更为美好不是

下图：(7) 棚内，月季苗盛开的第一朵花 [第 2 年] (8) 这些月季以八株为一组种植，它们将会在夏季时第一次被筛选。[第 4/5 年] (9) 筛选后的月季 200 株一排进行种植，然后将进行最后一筛选。[第 6/8 年].

英国月季的未来

一道数学题。有太多次，当花变得过大过艳，就开始丧失美感，毫无魅力可言。大丽花、菊花，甚至是经常被滥用的唐菖蒲都证实了这一点。杜鹃花也有同样的问题，尽管它彰显了贵族气息。有些花朵受其影响，但影响可能不那么大，比如华丽的牡丹、鸢尾花和飞燕草。这些植物都面临着矫枉过正、过度开发的危险。所有这些植物都有其独特的美丽之处，而那些负责维护它们的人要加倍小心，不要破坏这种美感。

月季几乎是独一无二的，并有着无穷潜力。从业人员在创造全新的品种时，应该把正在进行的工作更多地视为一种艺术，而非一种科学，虽然有时它就是一种实用科学。自大一点地说，在创造全新品种这一点上，哪怕只有微小的效果，我认为，英国月季正指出前进的道路。

英国月季具备这种可能，不乏很多人的努力，当然或多或少，也包括我们苗圃的所有管理人员和工作人员的努力。其中，卡尔·贝纳特在这些年做出了尤为重要的贡献。从1996年起，才三十出头的他就负责管理我们的月季育种部门。他对许多英国月季的不同品种有着

顶图： 在切尔西花展展出的英国月季，它们在过去这些年里赢得了许多金奖。

上图： 在大卫·奥斯汀月季旁的迈克尔·马里奥特（Michael Marriott），他为扩大英国月季在园丁中的知名度做出了卓越贡献。

丰富的知识，他对月季无比热爱，且一直深耕于此，为月季的未来全身心投入。他对正在发生的每一件事都展现出了超凡的记忆力，对于植物育种来说，这是一项最为重要的技能，而且，更重要的是，他最欣赏的月季类型和我们对未来月季的期待不谋而合。而他的后盾，就是大约 20 名优秀且上进的员工队伍，他们一起为月季育种不懈努力。

而重中之重，我必须提到我们公司的另一半——我的儿子，大卫·J.C. 奥斯汀。大卫 1989 年加入公司，现在已经成为我们苗圃大部分工作的幕后推动力。近年来，我们公司取得的成就在很大程度上都要归功于他的努力。在这本书里，对他的描写也许太少了。他的所学和所能为英国月季做出了非常重要的贡献。对于月季，他也拥有极佳的鉴赏能力，并且，实际上，他不仅热爱月季，也热衷园艺。可以想象，很难找到比他更好的合作伙伴了。有他来为英国月季保驾护航，你大可放心。

上图：大卫·奥斯汀

左图：和我的妻子帕特、儿子（大卫·J.C. 奥斯汀）在切尔西花展。

2 Growing English Roses
种植英国月季

想来，读这本书的人大都精通月季种植的技巧。而这一章主要针对那些没有太多种植经验的人，当然，这一章对于经验丰富的园丁来说也可能会有所裨益。我所提的建议多少有点完美主义。其实只要学习并应用一点基本园艺常识，你就能把英国月季养护得很好，真的没有必要把养花的乐趣变成太大的负担。不过，如果只是简单潦草地种植月季，随后就把它们抛诸脑后，那你也不能期待会有多好的结果。就像很多其他非常成熟的园艺植物一样，想要让它们开出最佳状态的花朵，势必要给予一定程度的照料。有时候你多花一点精力，就能获得丰厚的回报。这就是种植月季的乐趣之一，至少对我们这些喜欢园艺的人来说是这样的。

种植英国月季和其他月季基本是一样的。然而，在种植、修剪、养护和病虫害的控制方面仍然有些重要的区别。

此外，根据你种植月季所处的地区不同，方法也会有所不同。如果你的气候条件与北欧非常不同，你就需要一本针对你所在地区种植月季的书籍来做参考。

种植的准备工作

通常我们购买的月季有两种形态，裸根苗或容器苗。有些人认为裸根月季苗在某种程度上不如容器苗，事实并非如此，如果在适当的时机种植，裸根苗甚至可能更胜一筹。

种植时间：在温带地区，裸根苗最好是在晚秋（英国是11月）种植，但直到晚春（英国是4月中旬）之前的任何时间种植都没有问题。如果种植晚了，第一年的花就会少一些，不过第二年就会赶上来。

当然，如果周围的土壤能保持足够的湿润，容器苗可以在一年中的任意时间种植。

种植地点：英国月季生命力旺盛，易于种植，在不同位置和各种土壤中都能茁壮成长。尽管如此，在决定种植地点时，考虑以下几点还是很重要的。首先，最好选择一个土壤深厚、肥沃的地方。令人称奇的是，英国月季可以种植在一天日照只有几个小时的地方。然而，在种植了太多的植株和灌木的地方种植月季就不太可取，特别是在那些强壮且具有侵略性植株和灌木的附近，这是因为植株和灌木竞争力强，会攫取大量养分。现如今，对于大多数月季，我们都提出了特别的要求，希望它们在整个夏天持续开花。在混合花境中，我们要确保月季周围的其他植物不要靠它太近，也不要具有侵略性。如果和其他植物产生竞争关系，大部分月季都会一败涂地。永远都不要在树下种植月季，也别指望月季能竞争得过树的根系。

如果你正在挖掉已经老化的或不想要的灌木，请一定要记住，其他月季生长过的地方，不能再指望新的月季能够在这里茁壮成长。这一点至关重要。即使以前的月季被挖走时长势良好，新的月季也不太可能在此茁壮成长。这是因为土壤中会出现一种感染，俗称"再植病害"。我们需要找一个近期没有种植过月季的地方，或者在种过月季的地方挖出一个深度和宽度为50厘米的土坑，再将其他地方的"干净"土壤填进去。

准备土壤：选定种植月季的位置后，挖出一个30厘米深的坑，加入适量的腐殖质土壤并与原土壤充分混合。腐殖质可以是充分腐烂的农家肥、花园堆肥或来自花园中心的专用堆肥。关键在于"适量"。对于轻质土壤、沙质土壤和白垩质土壤（chalky soil）[1]来说，添加这种腐殖土尤为重要。如果下层土被压实了，就需要先将其耙松，以改善排水，并帮助月季的根系深入地下。注意不要在下层土中添加腐殖土。在土壤酸碱性这个维度上，月季更喜欢 pH 值为 6.5 的微酸性土壤。

种植英国月季

成组种植对于英国月季来说是第一要务，我在第 58—63 页中解释了这种重要性的由来。这里，我想再度强调这一点，并总结一些建议。

英国月季作为一种小灌木，和其他月季一样，从根茎就开始出芽，所以它的株型会有点凌乱且头重脚轻——底部相对窄，往上就又宽又沉。一个品种以两三株甚至更多株为一组，密集种植，株间距不要超过 60 厘米，如此可以长成三个根系一起的形态良好且密集的灌丛，整个夏季都能持续肆意地绽放花朵。

种植英国月季挖的坑要足够

---

[1] 白垩土是一种微细的碳酸钙的沉积物，主要是由单细胞浮游生物球藻（coccolithophorid）的遗骸（颗石）构成。

大，这点十分重要，因为它可以让你的月季自由地伸展根系，不受拘束。坑还要挖得足够深，土壤的表层应该维持在根与茎相交处（也就是月季发芽的地方）以上 75 毫米。在根之间填一些微潮的土壤，注意不要太湿。把坑填满之后，用脚轻轻踩实固定。不要把月季种植在水分过多的土壤中，否则土壤很容易板结，使土壤间没有空气，导致月季在第一年处于半休眠状态。如有必要，可以去花园中心购买一点种植堆肥，撒在根周围，或者在花园墙根下找一些干土撒在根的周围，也同样有效。

篱笆边的月季种植

环绕月季花园种植一圈修剪过的树篱很有好处，我之前专门阐述过这样做的优势，还特别提到了种植紫杉的相关问题（见第 85 页）。为了防止树篱的根部侵入月季的生长区域，掠夺月季的水分和营养，你可以将 75cm 的镀锌铁皮垂直插入树篱附近的地面作为阻隔（记得把铁皮的顶部拗弯，以免边缘过于尖锐）。

修剪

修剪有时并不像外界传言的那么困难。与杂种茶香月季和丰花月季相比，英国月季的修剪处理方法不甚相同，可能也没有那么严苛。相较于一般的做法，我建议修剪的时间最好更早一些，这样你的月季就有足够的时间，能在两季盛放。对应不同的气候，我们建议修剪月季的时间也有所不同。在英国等冬天相对温和的地方，12月底、1月或2月是最好的季节。在冬季寒冷的地区，修剪应该推迟到春季进行。

第一年的修剪：裸根月季通常在你收到之前就已经修剪好了。如果没有，你可以将它们修剪至45厘米高，而后整季都无需再剪。如果你买的是容器月季苗，那么在第一个冬天之前都不需要修剪它们。

随后几年的修剪：根据月季的品种不同和你的具体需求而有所不同。英国月季的适应性很强，可以通过逐年修剪，既能成长为一株高大的灌木，又能修剪成矮小的灌木。这听起来像一句废话，但是对于杂种茶香月季和丰花月季，甚至是大多数其他月季来说，都是做不到的。

长枝修剪：英国月季最常见的植株型态是灌木，根据品种的不同，一般约90~150厘米高，不过有些品种会长得更高大一些。想让它长成灌木状，就需要把它的高度剪掉三分之一。

这不是一种需要高度现代化的操作。如果你种了很多月季，甚至还可以使用机械的树篱修剪机，不过，用剪枝夹会更好一点。剪完之后，你所需要做的就是把灌木削薄一点，去除一些脆弱、细嫩的分枝，同时去除所有盲枝、老枝和枯枝。所谓的"盲枝"，指的是那些几乎不再恢复活力、长出开花枝条的枝条。这是修剪英国月季的重要一点：剪掉一些枝条，但不减少生长。

接下来所有进一步的修剪主要是为了给灌木修出形状。根据品种的高度，我们可以尝试改变修剪的长度，为整体的花境提供一个更为自然、更为立体的形态。

修剪英国月季既是一门手艺，也同样是一门艺术。它给你机会去塑造某个乃至某组品种，以彰显自然之美。

在头一两年里仔细观察月季的生长状况，很快你就可以判断之前的修剪是过度还是不足。最重要的判断标准是你的月季是否已经开始生长出美好的形态。

当植株较高的英国月季修剪不足时，它们的枝条有时会下垂，看起来不甚雅观。通常，我们可以通过进一步修剪来改善这种状况。与此同时，还有一点很重要，那就是注意不要破坏掉月季的拱形效果。

强剪：当月季种在某些位置时就需要强剪。例如：规整的月季花坛、花境，或者是有限的空间。所谓强剪，是指剪掉植株的三分之二。虽然不可能把很大的灌木剪成小灌木，但如果你愿意，你可以修剪出一株较矮的英国月季，不像杂种茶香月季那么高大。当然，这意味着灌木的株型会变差，但当月季种在这些位置时，这点就变得无关紧要。在其他方面，强剪和长枝修剪的方法相差无几。

摘除残花：及时摘除开败后的残花很重要。

如果你不摘除开败的花朵，你的月季就会开始结果，这会消耗很多能量，本来这些能量可以促进下一轮的开花。有一些月季甚至当年不再复花。当花朵枯萎的时候，应尽快将花连一小截茎干一起剪除，这样优质、强壮的枝条上就会长出新的花芽。同时，我们还可以顺带把植株稍微修整一下。

修剪徒长枝：英国月季中的某些品种有时会长出又高又累赘的枝干，尤其是在那些夏季漫长且气候温暖的国家，英国月季生机勃勃，长势过强。

这是因为英国月季最初是由古老月季和其他月季，以及小型藤本月季（Climbing English Roses）杂交培育而来的，尽管已经历经数代，但是其基因仍在。虽然徒长枝不会很多，但它们会破坏灌木的平衡和美感。你要做的就是修剪徒长枝，让它们刚好低于灌木的平均高度。

这个过程可以持续进行，月

季圈称之为"夏剪"。这种修剪还是很轻微的。

去除砧木芽： 有的芽并非长在月季枝条上，而是长在砧木上，被称为砧木芽。砧木芽一出现，就要摘除，否则它们会把本来要输送到月季的营养全部吸收掉。砧木芽的去除要彻底一些，即使连带着一点砧木也没有关系，这样可以避免它们再次发芽。

养护

月季需要精心养护，因为它们具有复花性，而持续开花会消耗很大能量。大量供给腐殖质肥，偶尔辅以花肥，是很有必要的。同时，月季还需要充足的水。

覆根： 总有人说月季是一个"肥篓子"，的确如此。覆根，是指在月季周围铺上一层薄薄的腐熟农家肥、花园堆肥或某些专用的覆根堆肥。对于月季来说，覆根虽然不是必需的，但却极有好处。事实上，覆根可以改善月季的生长状态。在夏季，覆根可以让土壤保持凉爽，可以保湿，还能为月季提供养分。覆根肥不能太厚，否则会闷住土壤，导致土壤不透气。

施肥： 覆根肥可以提供月季所需的许多营养，而在灌木周围撒上一点月季肥可以改善土壤肥力的不足，能让月季开出的花呈现出最佳的状态。更重要的是，在第一次开花快完成的时候，就应该进一步施肥，这有助于促进新一轮的生长。正如我说过的那样，人们对月季的期望很高，期待它能在整个夏天持续开花，而要做到这一点，它需要充足的营养。

浇水： 与大多数野生蔷薇不同，英国月季（和许多其他月季）是重复开花的。没有养分支持，任何植物都不可能持续开花；而没有水分输送，任何养料都不可能起到作用。即使是在像不列颠群岛这样的地方，要想在整个夏天都能看到花朵华丽盛放，充足地浇水绝对是大有裨益的。至于在夏季炎热干燥的地区，那就更是必不可少的。混合花境的浇水可以用软管完成。在月季花园或月季花境，或其他种植了喜水植物的地方，若要说关于灌溉的各种方式，要说的就很多了，在此就不再详细说明了。总之，如果要浇水，就要彻底浇透，让水分深入土壤，从而到达所有根系。

种植藤本英国月季

藤本月季的生长和维护与其他英国月季，或者其他藤本月季非常相似。这里有几点特别适用于藤本英国月季。

栽植： 如果你要靠墙种植，那么有必要在墙与植株之间留出足够的空间。一般靠墙的土壤会比较干燥且贫瘠，要使根系尽快接触到肥沃、湿润的土壤，最好能空出大约45厘米的距离，以保证根系健康生长。

牵引： 第一年只要简单地把枝条固定在诸如墙、篱笆、格架、花柱、拱门或其他支撑物上。在随后的几年里，让植物尽可能地伸展，以覆盖整个支撑物。前面说过，不要过度控制植株的外观。随着时间流逝，也许偶尔会有某个枝条生长出一种肆意又美好的效果。在某种程度上，也许可以由着它们去长。

绑扎藤本英国月季枝条的方法取决于植株所攀附的结构。攀缘于墙，枝条可以依附在水平平行的攀爬线上，每隔45厘米一根，用羊眼钉固定。你只要将新生枝条在攀爬线前后穿过就好，十分简单。格架上的月季也一样处理，偶尔将一些枝条从木格后穿过。对于其他用于支撑的结构，你需要把茎用绳或线绑扎，打的结可以松一些，为枝条留出生长空间。

覆根、施肥和浇水： 对于藤本英国月季来说，悉心养护特别重要，这是因为，藤本月季生长茂盛，枝叶密集，势必会形成大规模的攀缘态势，开花量也非常多。其中，充足地浇水尤为重要。

修剪： 无论什么样的藤本月季，在生长成藤本月季之前，植株的形态都像灌丛一样，英国月季尤其如此，本来就有一些品种可藤可灌。我们发现，想让它们把全部的生长力量尽可能地集中在那些修长的攀缘枝上，最好的办法是把植物底部那些短而细弱的枝条剪掉。在植物生长最开始的一两年里，这点很重要。

一旦月季的攀缘态势形成，就有必要保留长长的攀缘枝条上的嫩芽，而把开花的侧枝截短至约三个叶芽。来年，它们会再长出花枝。

随着时间的推移，主枝变老或变得过于浓密时，就需要把一些生长力较弱的枝条修剪掉，留下那些生命力旺盛的新发枝条。

病虫害

通常来讲，月季会有一定的几率遭受疾病。虫害的问题倒不是很大，主要是蚜虫，而通过喷洒专用杀虫剂很容易控制住蚜虫。

我们非常重视培育抗病性强的英国月季，也取得了一定程度的成功。如果英国月季是单独或小群间隔种植在花园周围的混合花境上，而不是全部种植在一个地方，可能根本就没必要进行药物喷洒，通常可以避免产生交叉感染。尽管如此，我们仍需对病虫害保持一定的警惕性，且一发现就要采取必要的措施，这仍不失为明智之举。最有可能产生病虫害的场所是非常封闭的花园。

最有效也最简单的预防措施则是种植天然抗病的月季。自1983年起，我们推出的大多数英国月季都属于这一类，而2000年之后推出的月季抗病能力则更强。

如果英国月季在月季花境或月季花园里种植较密，那么喷洒一些药剂还是有必要的，尤其是当它们与其他抗病能力较差的月季混种在一起时。

在生长季节开始之前，有一项预防措施一定要做，就是在修剪的过程中，将上个秋冬季节掉落在地上的所有老的、快要枯死的枝叶耙起并除掉，因为这些枯枝败叶会把病虫带到新的一年。最好是用耙将土壤表层翻一下，这不仅有助于月季的生长，而且还会埋掉去年遗留在地上的孢子。当然，在修剪的时候，你要先把植物上任何有病的枝条都剪掉。

月季主要有四种病害。

白粉病： 很多种过月季的人都知道这种疾病，植株在发病时，叶面上会布满白色的粉状孢子。这种病很容易控制，充足地浇水可以做到有效预防。

黑斑病： 顾名思义，就是叶面上出现了大且边缘不规则的黑斑，如果不及时处理，会破坏叶子，削弱植株的生长活力。它通常在仲夏（英国7月以后）开始出现，这个时候天气变热，如果叶子保持湿润长达6个小时以上，就很容易产生黑斑病。所以，在

这个季节，日常的浇水时间应该在清晨，从而保证在温度上升之前叶面就已经干透。

锈病： 月季锈病发生在叶片的背面，产生铁锈状突起，并逐渐变黑。它发生在夏天天气变暖的时候（英国是6月下旬和7月）。

霜霉病： 发生在夜间寒冷、白天温暖的季节，通常在花季的开始或接近尾声的时候。霜霉病不是一种常见的疾病，但一旦发生，就很难根除，你可能从来没有见过它，它也很难被发现。一般来说，月季的叶子无缘无故开始掉落，是它得病的第一个迹象。你可以看一下叶子的下面，有一种非常轻的，毛茸茸的真菌，它们很细微，想看清它们你可能需要一个放大镜。

喷药： 预防是最好的治疗，选一种能消除多种疾病的广谱喷剂，或者是选一种喷剂，能治愈你的月季常发生的疾病。在病虫害发生之前喷药，事半功倍，剩下的时间你就不用太担心出什么问题。

如果你拥有的月季数量庞大，最好使用背负式喷雾器。如果月季数量不多，用一个手动喷雾器就可以了。一定要仔细喷洒所有叶子的表面及其背面，包括植株的茎干、枝条。

Index
索引

A

阿罗哈 'Aloha' 21, 46, 48 , 160
埃格兰泰恩 'Eglantyne' 26, 26, 30, 38, 40, 45, 60, 113, 118, 119
　花色 colours 29
　作为树篱 as a hedge 69-71
　种植 planting 63
艾尔郡蔷薇 Ayrshire Roses 46, 52
艾伦蒂施马奇 'Alan Titchmarsh' 40, 162, 163
艾玛汉密尔顿夫人 'Lady Emma Hamilton' 48, 220, 221
爱 'Cariad' 294
爱德华埃尔加爵士 'Sir Edward Elgar' 46, 297
爱德华一世 Edward I, King of England 4
爱丽丝小姐 'Miss Alice' 49, 296
安布里奇 Ambridge Rose 294
安妮 'Ann' 25, 63, 70, 73, 294
安妮博林 'Anne Boleyn' 69, 208-209
安妮公主 'Princess Anne' 270, 271
安妮女王 'Queen Anne' 142, 143
安尼克城堡 'The Alnwick Rose' 65, 202, 203
安宁 'Tranquillity' 248, 249
暗淡少女 'Dusky Maiden' 52
昂古莱姆公爵夫人 'Duchessed' Angoulême' 54
奥地利石南蔷薇 Austrian briar 10
奥尔布莱顿 'The Albrighton Rambler' 284, 285
奥尔布莱顿 Albrighton 75, 87-95
　狮子花园 Lion Garden 89, 92, 95
　长花园 Long Garden 87, 88, 89, 90
　文艺复兴花园 Renaissance Garden 89, 90, 91
　维多利亚花园 Victorian Garden 82, 89, 90, 90
奥莉维亚罗斯奥斯汀 'Olivia Rose Austin' 190, 191
奥赛罗 'Othello' 296

B

巴斯妇 'Wife of Bath' 55, 55, 298
巴特卡普 'Buttercup' 65, 70, 210, 211, 262
芭芭拉奥斯汀 'Barbara Austin' 49, 49, 294
芭思希芭 'Bathsheba' 164, 165
白宠物 'Little White Pet' 65
白粉病 powdery mildew 310
白蔷薇 Alba Roses 4, 14, 24, 25, 54

英国阿尔巴杂种月季 English Alba Hybrids 58, 111, 256, 264
白色的月季 white roses 33-35, 102
百叶蔷薇 Centifolia Roses 14, 15, 30, 45, 142
半重瓣花 semi-double flowers 25
杯型 cup shapes 26
本杰明布里顿 'Benjamin Britten' 31, 68, 69, 166, 167, 256
彼得·比莱斯 Beales, Peter 9
冰山 'Iceberg' 47, 206
波旁月季 Bourbon Roses 16, 31, 48, 55, 65, 95, 160
波特兰月季 Portland Roses 14, 16, 45, 55, 65, 126
波特兰月季雅克卡地亚 'Jacques Cartier' 16
波特梅里恩 'Portmeirion' 69
波西亚 'Wise Portia' 298
博斯科贝尔 'Boscobel' 168, 169
布莱顿 'Bredon' 294
布莱斯威特 'L.D. Braithwaite' 31, 67, 70, 132, 133
布莱斯之魂 'Blythe Spirit' 47, 65, 70, 102, 294

C

草莓山 'Strawberry Hill' 196, 197
茶香月季 Tea Roses 6, 9-10, 17-19, 46
查尔斯奥斯汀 'Charles Austin' 62, 295
查尔斯达尔文 'Charles Darwin' 172, 173
查尔斯磨坊 'Charles de Mills' 15
超级托斯卡纳 'Tuscany Superb' 17, 17-18, 52, 53
朝圣者 'The Pilgrim' 33, 33, 46, 47, 62, 72, 242, 243
晨雾 'Morning Mist' 73, 188, 189
虫害 insect pests 310
处女座 'Virgo' 206

D

达西 'Darcey' 292, 293
达西布塞尔 'Darcey Bussell' 116, 117
大马士革蔷薇 Damask Roses 11, 14, 16, 30, 45, 48, 54, 150
大马士革蔷薇布鲁塞尔城 'La Ville de Bruxelles' 54
大卫·J.C.奥斯汀 Austin, David J.C. 305, 305
大卫·奥斯汀 Austin, David 301, 305
大卫奥斯汀月季 David Austin roses 10, 55, 170, 300
简·范·凯瑟尔 Kessel, Jan van the Elder
　静物画《花瓶中的花朵》Still Life of Flowers in a Vase 3
黛丝德蒙娜 'Desdemona' 214, 215
丹麦女王 'Königin von Dänemark' 15, 54
单瓣花 single flowers 24-25
帕氏淡黄香水月季 'Park's Yellow-scented China' 15
淡紫色 mauve roses 31-32

德伯家的苔丝 'Tess of the d' Urbervilles' 67, 70, 79, 150, 151
第戎格洛伊尔 'Gloire de Dijon' 56
丁香紫 lilac roses 31
多花蔓生月季 Multiflora Ramblers 18
多琳派克夫人 'Mrs Doreen Pike' 296

F

法国蔷薇 Gallica Roses 9, 12-14, 256
　花色 colours 17, 31
　花香 fragrance 47
　皇家属地月季 Rosa Gallica Regalis 5
范弗里特 'Doctor W. Van Fleet' 21, 160
飞马 'Pegasus' 33, 46, 228, 229
绯红夫人 'The Lady's Blush' 262, 263
费尔柴尔德 'The Ingenious Mr. Fairchild' 24, 26, 298
粉红色的石竹 pinks (Dianthus) 47
粉色的月季 pink roses 30-31
休氏粉晕香水月季 'Hume's Blush Tea-scented China' 15
丰花月季 Floribundas 6, 9, 10, 18-19, 58
　花色 colours 30-35
　株型和枝叶 growth and foliage 35-38
　在月季花坛 in rose beds 65-66
　在月季花园 in rose gardens 82, 96
弗朗辛奥斯汀 'Francine Austin' 35, 48, 65, 102, 282, 295
伏旧园城堡 'Château de Clos-Vougeot' 54
福斯塔夫 'Falstaff' 31, 70, 98, 122, 123, 276
复花性的月季 repeat-flowering roses 9, 15-18, 52, 60, 62
　藤本月季 climbers 57
覆根 mulching 309

G

格拉姆斯城堡 'Glamis Castle' 34, 295
格雷厄姆·斯图尔特·托马斯 Thomas, Graham Stuart 6, 6, 52, 53, 216
格雷厄姆托马斯 'Graham Thomas' 33, 37, 56-57, 79, 212, 216, 217
　育种 breeding 56
　作为藤本月季 as a climber 216
　花色 colour 33
　花香 fragrance 46, 216
　种植 planting 62
格蕾丝 'Grace' 28, 33, 63, 66, 69, 180, 181
格特鲁德杰基尔 'Gertrude Jekyll' 7, 30, 30, 43, 45, 46, 71, 126, 150
格子架 trelliswork 79, 86
拱门，攀爬的月季 arches, climbing roses on 81
古代水手 'The Ancient Mariner' 204, 205
古老月季 Old Roses 2, 3 , 6-10, 22
　在花境 in borders 63
　花色 colours 9-10, 15-16
　与现代月季杂交 crosses with Modern Roses 50-56, 160

和英国月季 and the English Rose 10, 12–18, 19, 50
花香 fragrance 4, 9, 14, 45–46, 53
株型 growth 35
复花性 repeat-flowering 15–18
在月季花园 in rose gardens 82, 95
古老杂种月季 Old Rose Hybrids 76, 111, 112–159, 160, 256
灌木月季 Shrub Roses 19, 40, 53, 60, 76
贵族安东尼 'Noble Antony' 46, 296
果香 fruit fragrances 48–49

H

哈迪夫人 'Madame Hardy' 14
哈洛卡尔 'Harlow Carr' 11, 69, 98, 126, 127, 144
海德庄园 'Hyde Hall' 28, 67, 128, 129
汉莎 'Hansa' 20
和平月季 'Madam A. Meilland' 54
黑斑病 blackspot 310
黑夫人 'The Dark Lady' 298
红花玫瑰 'Crocus Rose' 35, 67, 207, 214
红色月季 red roses 31
猩红月季 crimson roses 31
红铜色月季 copper-coloured roses 33
蝴蝶夫人 'Madame Butterfly' 303
花蕾 bud flowers 28
花色 colours
  英国月季 English Roses 30–35
  丰花月季 Floribundas 31
  插花 flower arrangements 98–105
  叶子 foliage 36
  法国蔷薇 Gallica Roses 17, 31
  月季树篱 hedge roses 70
  杂种茶香月季 Hybrid Teas 30, 31
  现代月季 Modern Roses 9
  古老月季 Old Roses 9–10, 15–16
  植物搭配 plant companions 71–75
  茶香月季 Tea Roses 9–10
花坛植物 bedding plants 5
花香 fragrance 4, 9, 42–49, 84, 109
  英国阿尔巴杂种月季 English Alba Hybrids 256
  英国麝香月季 English Musk Roses 206
  果香 fruit 48–49
  利安德系 Leander Group 160
  麝香 musk 47–48
  没药香 myrrh 46-47, 52
  古老月季 Old Rose 4, 42, 45–46, 53
  古老杂种月季 Old Rose Hybrids 112
  茶香月季 Tea Rose 46
欢笑格鲁吉亚 'Teasing Georgia' 26, 26, 33, 67, 70, 79, 104, 200, 201
皇家庆典 'Royal Jubilee' 258, 259
黄金凡尔赛宫 'Desprez à Fleurs Jaunes' 20
黄金庆典 'Golden Celebration' 26, 36–38, 67, 103, 161, 180
  花色 colour 33
  花香 fragrance 48, 49

株型与枝叶 growth and foliage 38
种植 planting 62-63
黄色的月季 yellow roses 32-33, 72
混合花境 mixed borders 58, 60-63, 73
火焰红的月季 flame-coloured roses 33

J

杰夫汉密尔顿 'Geoff Hamilton' 67, 178, 179
卷边花 recurved flowers 28
卷丹 'Tiger Lily' 98
卷心菜旅馆 Savoy Hotel ('Harvintage') 18

K

卡德法尔兄弟 'Brother Cadfael' 26, 46, 294
卡尔·贝纳特 Bennett, Carl 301, 304
卡罗琳骑士 'Carolyn Knight' 170, 171
卡罗琳泰斯托夫人 'Madam Caroline Testout' 54, 55
卡斯特桥市长 'Mayor of Casterbridge' 296
凯瑟琳莫利 'Kathryn Morley' 296
坎特伯雷 'Canterbury' 55, 294
康拉德费迪南德迈耶 'Conrad Ferdinand Meyer' 56, 56
康斯坦斯普赖 'Constance Spry' 30, 40, 51, 52, 53, 77
  花色 colour 30
  花香 fragrance 46, 47
慷慨的园丁 'The Generous Gardener' 30, 48, 76, 81, 276, 286, 287
抗病性 disease resistance 10, 38-39, 56-57, 160, 310
科迪莉亚 'Cordelia' 25, 38, 38, 62, 73, 295
科韦代尔 'Corvedale' 70, 73, 295
克莱尔奥斯汀 'Claire Austin' 76, 276, 277
克雷西美女 'Belle de Crécy' 9
克里斯多夫 'Christopher Marlowe' 35, 69, 295
快乐儿童 'Happy Child' 295
狂野埃德里克 'Wild Edric' 9, 298
奎克莉夫人 'Mistress Quickly' 65, 70

L

莱格拉斯圣日耳曼夫人 'Madam Legras de St Germain' 54, 54
莱克夫人 'The Lady of the Lake' 284, 288, 289
劳伦斯·约翰 Johnson, Lawrence 6
老伦敦 'Bow Bells' 294
雷杜德 'Redouté' 70, 296
里夫 'The Reeve' 298
利安德尔 'Leander' 37, 67, 70, 296
利安德系 Leander Group 48, 76, 111, 160–205
利利安奥斯汀 'Lilian Austin' 296
利奇菲尔德天使 'Lichfield Angel' 222, 223
莲座花型 rosette-shaped flowers 25-26
烈骑 'Lochinvar' 268, 269
露西塔 'Lucetta' 296
罗伯特·卡尔金 Calkin, Robert 45, 216

罗尔德达尔 'Roald Dahl' 234, 235
罗莎琳达 'Rosalind' 292, 293
罗莎曼迪蔷薇 Rosa Mundi 70
罗斯男爵夫人 'Baronne Adolph de Rothschild' 17

M

马丽奈特 'Marinette' 28, 70, 102, 296
马帕金斯 'Ma Perkins' 54
马文山 'Malvern Hills' 76, 80, 81, 276, 278, 279, 284
玛尔梅松 Malmaison 4
约瑟芬皇后 Josephine, Empress 4
玛格丽特梅利尔 Margaret Merril ('Harkuly') 10
玛格丽特王妃 'Crown Princess Margareta' 26, 37, 46, 48, 67, 70, 100, 174, 175
玛丽路易丝 'Marie Louise' 54
玛丽罗斯 'Mary Rose' 26, 35, 57, 296
  育种 breeding 56-57
  株型与枝叶 growth and foliage 35
  作为篱笆植物 as a hedge 70
  种植 planting 63-65
  作为园景树状的月季 as a standard rose 67-68
迈克尔·马里奥特 Marriott, Michael 304
麦金塔 'Charles Rennie Mackintosh' 29, 105, 114, 115
曼斯特德伍德 'Munstead Wood' 138, 139
蔓生光叶蔷薇 Wichurana ramblers 21, 48-49, 57, 76, 160
蔓生月季 Rambler Roses 21, 74, 79, 81
  艾尔郡蔷薇 Ayrshire Roses 46, 52
  光叶蔷薇 Wichurana ramblers 21, 48–49, 57, 76, 160
  蔓生月季 Rambler Roses 21, 74, 79, 81
没药香 myrrh fragrance 46-47, 52
玫瑰标志 rose symbolism 5
玫瑰纯露 rose water 42
玫瑰花园 'Rosemoor' 144, 145
梅吉克夫人 'Lady of Megginch' 134, 135
美女比安卡 'Fair Bianca' 295
美女伊西丝 'Belle Isis' 47, 50, 50, 52
蒙哥马利郡怀特霍普顿 White Hopton, Montgomeryshire 85
蒙特贝罗公爵夫人 'Duchesse de Montebello' 54
米兰达 'Miranda' 292, 293
魔力光辉 'Molineux' 46, 48, 70, 72, 226, 227
抹大拉的玛丽亚 'Mary Magdalene' 63, 67, 69, 104, 296
莫蒂默赛克勒 'Mortimer Sackler' 62, 76, 276, 280, 281
牧羊女 'The Shepherdess' 298

N

年轻的利西达斯 'Young Lycidas' 32, 37, 158, 159

农夫 'The Countryman' 26, 38, 46, 150
农舍玫瑰 'Cottage Rose' 30, 60
怒塞特月季 Noisette Roses 20-21, 30-31, 56, 206
诺森伯兰的安尼克城堡 Alnwick Castle, Northumberland 92
女仆马里昂 'Maid Marion' 224, 225
耐心 'Patience' 292, 293

P

帕蒂坦 'Perdita' 30, 47, 297
帕特·奥斯汀 Austin, Pat 87, 95
帕特奥斯汀 'Pat Austin' 33, 33, 46, 67, 100-101, 297
佩内洛普 'Penelope' 20
盆栽月季 pot-grown roses 68–69
皮埃尔·约瑟夫·雷杜德 Redouté, Pierre Joseph 5
皮卡第的玫瑰 'Rose of Picardy' 297
地被月季 ground cover roses 73, 102
铺砖的小径 / 边缘 brick paths/edgings 86, 88
普洛斯彼罗 'Prospero' 297

Q

奇安帝 'Chianti' 40, 53, 53, 67
骑士 'The 'Knight' 55
蔷薇属 Rosa
　犬蔷薇 R. canina 256, 262
　腺果蔷薇 R. fedtschenkoana 67
　菲利普斯 R. filipes 'Kiftsgate' 81
　药剂师蔷薇 R. gallica var. officinalis 47, 54, 70
　罗莎曼迪蔷薇 R. gallica 'Versicolor' 70
　巨花蔷薇 R. gigantea 17, 46
　玫瑰 R. rugosa 20, 56, 112
　苏格兰蔷薇 R. spinosissima 268
　光叶蔷薇 R. wichurana 21, 46, 48, 57, 76, 160
蔷薇战争 Wars of the Roses 4
乔叟 'Chaucer' 55, 295
情人之心 Valentine Heart ('Dicogle') 19
邱园 'Kew Gardens' 266, 267
秋大马士革蔷薇 'Quatre Saisons' 16, 48
权杖之岛 'Scepter' d Isle 26, 70, 236, 237
仁慈的赫敏 'Gentle Hermoine' 31, 124, 125

R

瑞典女王 'Queen of Sweden' 232, 233

S

塞西亚娜 'Celsiana' 54
善举 'Charity' 63
尚博得伯爵 'Comte de Chambord' 45, 46, 54
芍药（或牡丹）peonies 2, 4, 22, 52, 73, 276, 302, 304

少女羞红 'Maiden' s Blush' 9
麝香 musk fragrance 47-48
什罗普郡少年 'A Shropshire Lad' 8, 67, 81, 162
什罗普少女 'Shropshire Lass' 40, 67
圣塞西利亚 'St Cecilia' 47, 297
圣斯威辛 'St Swithun' 67, 81, 148, 149
诗人的妻子 'The Poet's Wife' 156, 157
树篱 hedges
　攀爬的英国月季 English Roses scrambling over 81
　在月季花园 in rose gardens 85, 88
　附近的月季 roses near 307
树状月季 Standard Roses 14, 66-67, 78
参看白蔷薇 Alba Roses;
双花境 double borders 86-87
霜霉病 downy mildew 310
斯卡布罗集市 'Scarborough Fair' 25, 25, 62, 73, 102, 260, 261
苏格兰玫瑰 Scottish Roses 146
苏格兰圆帽 'Tam o' Shanter' 272, 273
苏珊威廉姆斯埃利斯 'Susan Williams-Ellis' 154, 155
索尔兹伯里夫人 'Lady Salisbury' 136, 137
索菲的玫瑰 'Sophy' s Rose' 69, 94, 297

T

塔莫拉 'Tamora' 297
苔蔷薇 Moss Roses 14, 15
泰奥弗拉斯特 Theophrastus 2
桃花 'Peach Blossom' 297
特雷弗格里菲斯 'Trevor Griffiths' 63
藤本英国月季 Climbing English Roses 21, 76, 78, 79, 81, 86, 93, 110, 111, 122, 264, 276, 278, 302, 309
　拱门与亭架 on arches and pergolas 81
　覆根、施肥和浇水 mulching, feeding and watering 309
　花柱 on pillars 78
　种植和牵引 planting and training 309
　攀爬 scrambling 81
　灌木 / 藤本 Shrub/Climbers 76, 79, 276
　攀爬在格子架、栅栏和乡村原木花架 on trelliswork, fences and rustic work 79
　攀附在墙和建筑物 on walls and buildings 78
藤本月季 climbing roses 5, 20-21
藤本月季攀附的墙体 walls, climbing roses on 78, 85, 86
藤本月季攀爬的花柱 pillars, climbing roses on 78
藤本月季攀爬的建筑物 buildings, climbing roses on 78
藤本月季攀爬的亭架 pergolas, climbing roses on 81
藤本月季攀爬的乡村原木花架 rustic work, climbing roses on 79, 85
藤本月季攀爬的栅栏 fences, climbing roses on 79

天鹅 'Swan' 297
天气环境 weather conditions 41
　和花香 and fragrance 42
甜蜜朱丽叶 'Sweet Juliet' 67, 297
托马斯贝克特 'Thomas à Becket' 274, 275
托斯卡纳 'Tuscany' 17, 52, 52, 53

W

王子 'The Prince' 31, 298
威基伍德 'Wedgwood Rose' 246, 247
威廉和凯瑟琳 'William and Catherine' 252, 253
威廉莫里斯 'William Morris' 46, 298
威廉莎士比亚 2000 'William Shakespeare 2000' 32, 36, 38, 63, 67, 69, 105, 298
　花艺 arrangement 96
　盆栽 in pots 69
威斯利 2008 'Wisley 2008' 254, 255
薇塔·萨克维尔·韦斯特 Sackville-West, Vita 6
韦狄 'Wildeve' 250, 251
为月季喷药 spraying roses 311
温彻斯特大教堂 'Winchester Cathedral' 35, 70, 102, 148, 296
温德拉什 'Windrush' 48, 102, 112, 130
温馨祝福 Warm Wishes ('Fryxotic') 10
沃尔特·拉雷爵士 'Sir Walter Raleigh' 297
沃尔特·司各特爵士 'Sir Walter Scott' 146, 147
沃勒顿老庄园 'Wollerton Old Hall' 290, 291
无名的裘德 'Jude the Obscure' 26, 42, 48, 112, 130, 131
五月花 'The Mayflower' 37, 40, 63, 70, 154, 155

X

希尔达·穆雷尔 Murrell, Hilda 6
希灵顿夫人 'Lady Hillingdon' 17
希瑟奥斯汀 'Heather Austin' 49, 295
喜马拉雅麝香 'Paul' s Himalayan Musk' 81
夏恩·康诺利 Connolly, Shane 96
夏莉法阿斯玛 'Shafira Asma' 297
夏洛特 'Charlotte' 212, 213
夏洛特夫人 'Lady of Shalott' 34, 186, 187
夏米安 'Charmian' 295
夏日之歌 'Summer Song' 198, 199
仙女罗瑟琳 'Heavenly Rosalind' 295
鲜切花 cutting for arrangements 96-98
现代藤本月季 Modern Climbers 57, 160
现代月季 Modern Roses 10, 18-20, 21, 22, 50
　花色 colours 9
　与古老月季杂交 crosses with Old Roses 50-61, 160
　在月季花园 in rose gardens 82
　灌木月季 Shrub Roses 19, 82
乡绅 'The Squire' 298
香槟伯爵 'Comte de Champagne' 26, 48, 69, 295

香气 scent
参看花香 fragrance
小花矮灌月季 Dwarf Polyantha Roses 18
辛白林 'Cymbeline' 292
杏色的月季 apricot roses 32-33, 35, 72
修剪 pruning 308-309 310
修剪枯枝 dead-heading 308
修女 'The Nun' 298
修女伊丽莎白 'Sister Elizabeth' 297
修女院长 'The Prioress' 55, 298
秀丽少女 'Dainty Maid' 47, 50, 50
雪雁 'Snow Goose' 76, 276, 282, 283

Y

亚伯拉罕达比 'Abraham Darby' 48, 62, 67, 172, 294
亚历山德拉公主 'Princess Alexandra of Kent' 44, 140, 141
亚历山德拉玫瑰 'The Alexandra Rose' 24, 25, 62, 297
阳光港 'Port Sunlight' 46, 230, 231
药剂师 'the Herbalist' 102
药剂师的玫瑰 'The Apothecary's Rose' 70
叶子 foliage 36, 73-75, 112
伊迪丝卡维尔小姐 'Miss Edith Cavell' 18
伊莫金 'Imogen' 264, 265
伊萨佩雷夫人 'Madam Isaac Pereire' 16
遗产 'Heritage' 26, 30, 47, 49, 73, 152, 236, 296
银莲花月季 'Windflower' 25, 38, 62, 63, 70, 73, 70, 102, 210, 255, 262
    作为树篱 as a hedge 70
    种植 planting 63
银禧庆典 'Jubilee Celebration' 28, 98, 184, 185
英格兰月季 'England's Rose' 120, 121
英国阿尔巴杂种月季 English Alba Hybrids 58, 111, 256-262
英国国民信托组织 National Trust 9
英国花园 'English Garden' 295
英国切花月季 English Cut-flower Roses 104, 105, 111, 292, 293
英国麝香月季 English Musk Roses 111, 206-255
英国藤本 English Climbers
参看藤本英国月季 Climbing English Roses
英国月季 English Roses 10, 58
    插花 arrangements of 96-105
    在花坛和花境 in beds and borders 63-65, 72-73
    育种 breeding 12-21, 40-41, 50-57, 300-303, 302, 303
    花色 colours 30-35
    摘除枯花 dead-heading 308
    尺寸 dimensions 109-310
    抗病性 disease resistance 38-39, 40
    多样性和分类 diversity and classification 110-111
    早期的英国月季 earlier English Roses 294-298

花型 flower form 24-29, 112
质地、光线和大小 flower texture, light and size 29-30
花香 fragrance 42-49, 84, 109
未来 future of 302-305
作为花园植物 as garden plants 58-75, 59
成组种植 group planting 58-60, 62, 307
生长 growing 300-302
株型和枝叶 growth and foliage 35-38
作为树篱 as hedges 69-71
养护 maintenance 309
在混合花境 in mixed borders 58, 60-63, 71
病虫害 pests and diseases 310
种植搭配 plant companions 72-75
种植 planting 306-307
修剪 pruning 308-309
品质 qualities 22-41
复花性 repeat-flowering 40, 60
在月季花园 in rose gardens 82-95
园景灌木 specimen shrubs 67-68
树状月季 standard roses 66-67
活力和开花 vigour and flowering 40
英国月季的插花花艺 arrangements of English Roses 96-105
英雅 'English Elegance' 295
园丁夫人 'The Lady Gardener' 152, 153
园景灌木 specimen shrubs 67
原种蔷薇 species roses 5, 17, 65, 73, 89
约翰贝杰曼爵士 'Sir John Betjeman' 192, 193
约翰克莱尔 'John Clare' 69, 296
约翰英格拉姆 'Capitaine John Ingram' 13
约瑟夫·佩内特-杜彻 Pernet-Ducher, Joseph 10
月季的历史 history of roses 2-5
月季的锈病 rust on roses 311
月季花园 rose gardens 82-93
    设计原则 design principles 84-85
    双花境 double borders 86-87
    大型月季花园 great rose gardens 93-95
    小型月季花园 small rose gardens 85-86
    春色 spring colour in 86
    亦可参看奥尔布莱顿 Albrighton
月季花园的边界 edgings in rose gardens 84, 86, 88
月季花园里的黄杨树篱 box edging, in rose gardens 96, 97
月季花园里的紫杉 yew, in rose gardens 84, 85, 88, 92
月季施肥 feeding roses 307
月月粉 'Parson's Pink China' 15, 15
斯氏猩红月季 'Slater's Crimson China' 15, 16, 31, 52
云雀 'Skylark' 238, 239
云雀高飞 'The Lark Ascending' 244, 245
运茶快船 'Tea Clipper' 240, 241
杂种茶香月季 Hybrid Teas 6, 9, 10, 16, 18-19, 58, 264
    插花 arranging 102-104
    花蕾 bud flowers 28

藤本月季 climbing 21
花色 colours 30, 31
株型和枝叶 growth and foliage 35
在月季花坛 in rose beds 65
在月季花园 in rose gardens 82, 95

Z

杂种玫瑰 Rugosa Roses 19, 56
杂种麝香月季 Hybrid Musk Roses 20, 20, 102, 206
杂种麝香月季罗宾汉 'Robin Hood' 206
杂种长春月季 Hybrid Perpetuals 6, 12, 16-18, 55, 95
    花色 colours 9
    花香 fragrance 45, 48
    复花性 repeat-flowering 65
杂种中国月季 Hybrid Chinas 16
再植病害 replant disease 307
在月季花下种植一些春季观花的鳞茎植物 spring bulbs, under-planting roses with 86
詹姆斯高威 'james Galway' 29, 46, 67, 182, 183
新黎明 'New Dawn' 21, 21, 57, 160
战斗的勇猛号 'Fighting Temeraire' 176, 177
珍妮奥斯汀 'Jayne Austin' 218, 219
珍妮特 'Janet' 28, 296
植物搭配 plant companions 72-75
中国月季 China Roses 16, 17, 31, 46, 48, 52, 95
中国老种 Stud Chinas 15
种植 planting 306-307
    藤本月季 Climbing English Roses 309
    成组 in groups 58-60, 62, 307
    混合花境 mixed borders 60-63
    盆栽或容器苗 in pots and containers 68-69
    月季花坛 rose beds 65
    园景灌木 specimen shrubs 67
    树状月季 Standard Roses 66
朱丽叶 'Juliet' 292, 293
紫色的月季 purple roses 32
自由 Freedom ('Dicjem') 19
自由精神 'Spirit of Freedom' 194, 195

在这本书中，我会使用商业名称来指代每一个品种。大卫·奥斯汀玫瑰有限公司保留其玫瑰品种的所有知识产权，商标如下。在这本书中，每个品种都以其商业名称（如"Heritage"）来指代。受全球植物育种者权利保护的所有品种的品种名称（如AUSBLUSH），在每个品种的主要描述页的第二部分中都有明确的说明，但为了清楚起见，在其他部分被省略了。

英国玫瑰的商标清单

因为这本书将在很多国家出版，所以以下是一份在世界各地拥有商标权的大卫·奥斯汀的商标清单。有关特定国家的商标最终清单，请与大卫·奥斯汀玫瑰有限公司的授权部门联系，电话号码：+ 44 1902 376327

A Shropshire Lad	Falstaff	Mary webb	Teasing Georgla
Abraham Darty	Fisherrcbn's Friend	mayorof Casterbridge	Tessofth ed'urbervilles
Admired Miran da	Francine Austin	Miss Alie	The AJexandra Rose
Alan ritchmarsh	Gentle merrcione	Mistress Quickly	The AnWick Rose
Amtridge Rose		Mobneux	The Countrynbn
Anne Boleyn	Geoff marcilbn	Mortimer Sackler	The Dark Lady
Bartara Austin	Gertrudejekyll	MIs Doreen Pike	The Generous Gardener
Benjarcin Britten	Gartis Castle	Noble An tony	The Ingenious
Blythe Spirit	Golden Celebration	Othello	Mr.Fairhild
Bow Bells	Grace		The Mayflower
Brother Cadfael	Graharo Thombs	Pat Austn	The Nun
Charity	Mappy Child	Peach Blossorn	The Pilgrim
CharlesAustin	Marlow Carr	Pegasus	The Frince
CharlesDarwin	Meather Austin	Pendita	The Shepherdess
CharlesRennie mackintosh	Meritage	Queen of Sweden	
Charlotte	Myde Mall	Radio Times	The Squire
Charrtian	Janes Galway	Redoutē	The Yeombn
ChristopherMarlowe	Janet	Rose-marie	Tradescant
Caire Rose	Jayne Austin	Rosemoor	Trevor GDffiths
Corotes deCharopagne	John Clare	Rushing stream	Warwick Castle
(syn.Coniston)	Jubilee Celebration	Scarborough Fair	Wen lock
Coniston	Judethe Obscure	Scepter'd Isle	Wife of Bath
(syn.Comtes de Charopagne)	Kathryn Morley	Sharifa Asma	Wildeve
Cottage Rose	D.Braithwaite	Sir Edward Elgar	William Monrds
Country living	Lady Eroicb Marciton	Sister Elizabeth	Wiliam Shakespeare
Crocus Rose	Lady of megginch	Snow Goose	Wiliam Shakespeare 2000
Crown Poncess Margareta	Leander	Sophy's Rose	Winchester Cathedral
Darcey Bussell	Lilian Austin	Spintof Freedom	Windrush
Eglantyne	Litchfield Angel	st. AIban	Wisley
Ellen	Lucetta	st.Cecilia	Yellow Charles Austin
Embnuel	Ludlow Castle	st. swithun	
Engtish Elegance	Malvern Mills	Sumrcer Song	Austin
Engtish Garden	MaDnette	Sweetjuliet	Davil Austin
Evelyn	Mary Magadalene	Syncphony	Davil Austin Roses
Fair Bianca	Mary Rose	TeaClipper	

图片出处   *t*=顶，*a*=上，*b*=下，*l*=左，*r*=右

CLAIRE AUSTIN:6O l

BRIDG EMAN(www.bridgaman,co.uk): 4land 9 (Philips,The International Fine Art Auctioneers,UK); 8 (Musee Archeologiqua, Sfax ,Tunisia); 10a(Osterretchische Nationalbibliothek,Vienna);10b(Larg Clive Album, Victoria & Albert Museum, London, The Stapleton Collection); 11(Private Collection),

FERUCCIO CARASSALE: 301;305t

RONDAKER:37;61;67;73; 78-9all;80-1;91;295;304;310b

ANDREWLAWSOD: 1;117;25b;27;29p;33tandP;302nos.2-5;303nos,8-9

ROGER PHILIPS:17l;19a

HOW ARD RICE: Frontjacket;backjacket; 3;4p;5 all;7;8;9 all;10all;11;14 all;15; 16 all; 17a; 18 all; 19; 20 all; 21 all; 23; 24;25t;26 all;28 all;28l;30 all;31 all;32; 33tand l; 34-53; 54a; 55; 56;57all;58;60; 62-65;68-7;71-2;74;77;82-3;85;87-8;90;92; 94;97-293; 302no.1;303no.7;304b

POLLY WICKHAM/LANDART LTD: 90

UNKNOWN PHOTOGRAPHER: 6;13